2011—2020 年国家古籍整理出版规划项目

十

重点出版物出版规划项目

兰花古籍注译丛书

（清）袁世俊 著

莫磊 王忠 译注校订

三言述略

U0215499

中国林业出版社

图书在版编目（CIP）数据

兰言述略/（清）袁世俊著；莫磊，王忠译注校订. —北京：中国林业出版社，2019.5
（中国兰花古籍注译丛书）

ISBN 978-7-5219-0073-6

Ⅰ. ①兰… Ⅱ. ①袁… ②莫… ③王…Ⅲ. ①兰科－花卉－观赏园艺 Ⅳ. ①S682.31

中国版本图书馆CIP数据核字（2019）第085589号

兰言述略

Lányán Shùluè

责任编辑：何增明　邹　爱
插　　图：石　三
出版发行：中国林业出版社（100009 北京西城区刘海胡同 7 号）
电　　话：010-83143517
印　　刷：固安县京平诚乾印刷有限公司
版　　次：2019 年 7 月第 1 版
印　　次：2019 年 7 月第 1 次印刷
开　　本：710mm×1000mm　1/16
印　　张：14.5
字　　数：310 千字
定　　价：88.00 元

明朝人余同麓的《咏兰》诗中有"寸心原不大，容得许多香"的诗句。我想这个许多的"香"，应不只是指香味香气的"香"，还应是包括兰花的历史文化之"香"，即史香、文化香。人性的弱点之一是有时有所爱就有所偏，一旦偏爱了，就会说出不符合实际的话来。友人从京来，说是京中每有爱梅花者，常说梅花在主产我国的诸多花卉中，其历史文化是最丰厚的；友人从洛阳来，又说洛中每有爱牡丹者，常说牡丹在主产我国的诸多花卉中，其历史文化是最丰富的。他们爱梅花、爱牡丹，爱之所至，关注至深，乃有如上的结论。我不知道他们是否考察过主产于我国的国兰的历史文化。其实，只要略为考察一下就可知道，在主产于我国的诸多花卉中，历史文化最为厚重的应该是兰花。拿这几种花在中华人民共和国成立前后所出的专著来说，据1990年上海文化出版社出版的由花卉界泰斗陈俊愉、程绪珂先生主编的《中国花经》所载，我们可看到，历代有关牡丹的专著有宋人仲休的《越中牡丹花品》等9册，有关梅花的专著有宋人张镃的《梅品》等7册，而兰花的专著则有宋人赵时庚的《金漳兰谱》等多达17册。至于新中国成立后这几种花的专著的数量，更是有目共睹，牡丹、梅花的专著虽然不少，但怎及兰花的书多达数百种，令人目不暇接！更不用说关于兰花的杂志和文章了。历史上有关兰花的诗词、书画、工艺品，在我国数量之多、品种之多、覆盖面之广，也是其他主产我国的诸多花卉所不能企及的。

我国兰花的历史文化来头也大，其源盖来自联合国评定的历史文化名人、大思想家、教育家孔子和我国最早的伟大浪漫主义爱国诗人屈原。试问，有哪种花的历史文化有如此显赫的来头。其源者盛大，其流也必浩荡。笔者是爱兰的，但笔者不至于爱屋及乌，经过多方面的考察，实事求是地说，在主产我国的诸种花卉中，应是以国兰的历史文化最为厚重。

如此厚重、光辉灿烂、丰富多彩的兰花历史文化，在我们这一代里能否得到发扬光大，就要看当代我国兰界的诸君了。

弘扬我国兰花的历史文化，其中主要的一项工作是对兰花古籍的整理和研究。近年来已有人潜心于此，做出了一些成绩，这是可喜的。今春，笔者接到浙江莫磊先生的来电，告诉我中国林业出版社拟以单行本形式再版如《第一香笔记》《艺兰四说》《兰蕙镜》等多部兰花古籍，配上插图；并在即日，他们已组织班子着手工作，这消息让人听了又一次大喜过望。回忆十几年前的兰花热潮，那时的兰界，正是热热闹闹、沸沸扬扬、追追逐逐的时候，莫磊先生却毅然静坐下来，开始了他的兰花古籍整理研究出版工作。若干年里，在他孜孜不倦的努力下，这些书籍先后都一一地出版，与广大读者见面，受到大家的喜爱。

十余年后的现今，兰市已冷却了昔日的滚滚热浪，不少兰人也不再有以往对兰花的钟爱之情，有的已疏于管理，有的已老早易手，但莫磊先生却能在这样的时刻与王忠、金振创、郑黎明等几位先生一起克服困难，不计报酬，仍能坚持祖国兰花文化的研究工作。他们尊重原作，反复地细心考证，纠正了原作中初版里存在的一些错误，还补充了许多有关考证和注释方面的内容，并加上许多插图，有了更多的直观性与可读性，无疑使这几百年的宝典，焕发出光彩的新意，它在出版社领导的重视下，以全新的面貌与广大读者见面，为推动我国的兰花事业继续不断地繁荣昌盛，必起莫大的推动作用。有感于此，是为之序。

刘清涌
时在乙未之秋于穗市洛溪裕景之东兰石书屋

袁憶江先生造像

戊戌夏石三

袁世俊（忆江）先生造像

前言

兰花古籍《兰言述略》，成书于清光绪二年（1876），作者袁世俊先生，字忆江，江苏吴门（苏州）人，一生经历了清朝的道光、同治、光绪三个时期，曾任过州府的"同知"一职，即为知府的副职，文职正五品，相当于现时设区市的副市长。从《兰言述略》封面"六俊世家藏板"六个大字来看，袁世俊应该是明嘉靖年间称为"吴中六俊"（袁表、袁裘、袁衮、袁褒、袁袠、袁裳）的后人，可见其书香门第、家学渊源。

袁氏一生钟情艺兰，在书中自序里就有他爱兰的叙说，"初承友人见贻数本，置斗室自娱"，以后去兰友家"见室中兰蕙数本，花气袭人，香凝不散，询其栽法，爱而慕之"。进而他又"觅诸旧谱，披阅揣摩，稍知莳植之宜"。随后便进入到"遂购新叶数本"，直到"爱玩忘饥，情萦癔寐"的深度境界。

袁世俊先生是个真正的爱兰人，为了能栽培好兰蕙，他不顾路途遥远，亲自从苏州赶到兰乡绍兴，在周怡亭兰家等处参观访问，看到他所莳兰蕙"询属奇特"，询问栽培方法，"爱而慕之"。由此而激发他在归家后，找出家中所藏的兰花书谱，一一地认真细读，他对照书谱知识，联系自己的艺兰实际，不断反复地作了一番研究后，想起了当时江浙一带兰界盛传绍兴余姚人有特别高超的养兰技巧，但他们却非常保守，连隔壁邻村的人也都三缄其口，更不用说展示其具体做法了。为了弄清余姚人的所谓"秘法"，他放下自己是司马的身份，又亲自到浙江余姚去拜师交友，终于弄明白了"秘法"的底里。

他虽是个大官，但兰情兰谊却使他变成了一个肚子里藏不住货的直性子，非得以一吐为快。回家几经实践之后，他就毫无保守地向自己周围的兰友推广起"余姚法"来。《艺兰四说》的作者杜筱舫在《采香词》里留有三首艺兰词作，其中一首就是记叙袁世俊司马亲自来杜家辅导花工用"余姚法"栽兰一事。为了推广养兰技艺，让更多的人都能养好兰蕙，袁世俊索性动起笔来，要写一本有自己独特见解的兰花专著，这书就是《兰言述略》。他在书中说到，其实"余姚法"并未有特别之处，是一学就会的事，鼓励大家都能把兰栽培好。书中有一篇许之瑾的叙文，里面就写到袁世俊把自己所撰的《兰言述略》一书，赠送给同治九年时任江苏巡抚的晚清大臣南皮相国张之万大学士一事。张也极嗜兰蕙，但苦于培护乏术，自从读了《兰言述略》之后，心头从此开窍，莳兰技艺大有长进，从而袁世俊也受到张之万的赏识。

袁世俊先生所撰的《兰言述略》里，有关于"泥古"与"创新"的论述。他认为写书行事须要"师古"，没有前人的引领，"创新"会显得虚浮而缺少扎实的根基；而一味的照搬古人的一切，没有了创新的意识，就失去了进步的动力，就会显得保守泥古。《兰言述略》的许多地方留有朱克柔先生《第一香笔记》的痕迹，例如对花性、花品、花型、培护等论述。但是兰花事业会跟随着时代的发展，今人的审美鉴赏和培护方法等又会有新的丰富的亮点，不会原地踏步走，袁先生顺着朱老走过的路，结合自己的实践和汲取朋友所做过的以及当时兰人们流行的新风尚，把他们一起充实到书中，例如他对春兰苞形和蕙兰蕊形，详细地作出概括梳理，明白而有条理地告诉我们，应该要等花苞发育到某种程度时才可以看苞形和蕊形来分辨判断花品的优劣，在外苞壳未打开时的种种猜断都是徒然无效的。

书中也有朱克柔在《第一香笔记》里说得比较简略或未曾说到的内容，而袁世俊却说得全面而深刻，例如对春兰花苞所概括的"九形"和对蕙兰蕊头的"五门八式"，都说得那么详细具体。例如对兰蕙的培护，历来兰书只会说"春不出，夏不入，秋不干，冬不出。"但袁先生在本书里有了新说："尝言兰性喜干，实则春喜润，夏秋喜微潮，冬须润中带干。"并又详细介绍了老花、新花的翻盆在不同时期有不同方法。所以历来有兰人评价"笔记"与

"述略"是兰花姐妹篇,内容上"述略"说了"笔记"没有说或者没有透彻说的话;理论上"述略"开掘和拓展了"笔记"水准的高度与宽度。

回顾历史,《兰言述略》曾有过多次个人出资印刷发行,民国之前,大的发行约有两次,第一次是清光绪二年首次由袁世俊亲手所付梓;第二次时在清光绪二十三年,由他时任县令的儿子袁仲蔚经办该书再版事宜。这次再版,我们就是以光绪二十三年本为底本校注而成。中华人民共和国成立后也曾多次出版此书,1994年,在顾树棨的《兰苑纪事》附录此书全文。2007年,《兰花古籍撷萃2》收录此书,并做了译注。足见此书社会影响之大,历来为广大兰人所喜爱。

近年来中国林业出版社又组织力量整理再版这些古籍,诸如在内容方面增补了许多考证,在版式装帧方面有古色古香的新貌,为弥补古兰书中有文无图的遗憾,我们听取兰友希望增绘画面,以丰富古兰书有图文对照内涵的要求,但由于书中所介绍的那些兰蕙品种,有许多早已不存,因此只能根据文字记下的这些特征,又赖古兰照和一些相似的今花,反复推敲,动手描绘而成,希望尽力能呈现出它们的原貌,在这一艰苦过程中我们所付出的精力和时间是常人所想不到的。如果对兰人能有帮助,能得到读者的喜欢,那我们的辛勤付出就是值得的。最后特别要感谢杭州的金振创先生对本书译注工作中多次给予的指导,感谢台州的王德仁先生给我们提供许多兰蕙花品的影像资料。

今天,《兰言述略》这本古兰书,在中国林业出版社领导的指导和具体帮助下,在兰友们的努力下,古书以崭新的译注面貌与大家见面,愿此书能帮助大家提高艺兰水平和鉴赏水平,使我们的爱兰人生更加美丽,更加有意义。书中尚存的欠缺之处,谨望不吝指正。

译注者
2019年3月1日

目录

序 …… 三

前言 …… 六

《兰言述略》叙 …… 一〇

《兰言述略》自序 …… 一四

《兰言述略》例言 …… 二〇

《兰言述略》总说 …… 二三

《兰言述略》卷一 …… 二八

　　花品 …… 二八

　　花性 …… 三九

《兰言述略》卷二 …… 五〇

　　种类 …… 五〇

　　培养 …… 七三

《兰言述略》卷三 …… 八二

　　名贵 …… 八二

　　杂说 …… 二〇二

《兰言述略》卷四 …… 二〇九

　　纪事 …… 二〇九

　　附录 …… 二一七

　　附难产神效方 …… 二二四

《兰言述略》特色点评 …… 二二六

《兰言述略》叙

袁仲蔚大令[1]出晰[2]其尊甫[3]忆江先生手著《兰言述略》四卷，展读一过，足以补《群芳谱》[4]之阙，辅《离骚经》[5]之注，洵[6]别具雅人之深致[7]者矣。当南皮相国[8]闻府吴中[9]时，公余之晦[10]，雅好艺兰，凡海内名花异种，悉罗致[11]于拙政园[12]。第[13]未尽其培养之法，忆江乃以是册进，大为激赏[14]，缘此受知[15]。夫物必聚于所好，而人或藉物以传，卜氏[16]不云乎："虽小道，必有可观者焉"。仲蔚大令能承先志，虑原板漶漫[17]，不足供同好之取求，重付手民[18]，问序下走[19]为志，数语而归之。

光绪二十三年岁在丁酉　钱唐[20]许之瑾[21]序

注释

[1] 大令　古时县官多称令，后以大令为县官的尊称。

[2] 出晰　即出示，拿出来给人看。《康熙字典》：晰，亦示字。

[3] 尊甫　对他人父亲的敬称。

[4] 《群芳谱》　明代介绍栽培植物的一部谱录，全称《二如亭群芳谱》，成书于天启元年（1621），后有多种刻本传世。编撰者明代名士王象晋(1561—1653)，字荩臣，山东新城（今桓台县）人，万历三十二年进士，官至浙江右布政使。全书30卷（另有28卷本，内容全同），约40万字，分为四部十四谱，其中"贞部"之"花谱三"载有"兰"、"蕙"两篇。

[5] 《离骚经》　即战国时期楚国诗人、政治家屈原所作浪漫主义抒情长诗《离骚》，内有多处赞颂兰蕙的语句，后世注释争议颇多。

[6] 洵　诚然，确实。

[7] 雅人之深致　即雅人深致，风雅之人的高深意致，指高雅的人情趣深远，举止不俗。

[8] 南皮相国　即晚清著名大臣张之万（1811—1897），字子青，号銮坡，直隶南皮（今河北沧州南皮县刘八里乡双庙村）人，工诗词、擅书画。系清朝道光、咸丰、同治、光绪四朝元老，是张之洞的堂兄。同治九年（1870）出任江苏巡抚时，与家人居拙政园原潘宅房屋内。

[9] 吴中　苏州的古称。

[10] 公余之晦　公务之外的闲暇时间。

[11] 罗致　收集，搜罗。原义指用网捕捉鸟类。

[12] 拙政园　位于江苏省苏州市东北隅，始建于明正德初年，是江南古典园林的代表作，中国四大名园之一，1997年列入世界遗产名录。

[13] 弟　古同"第"，但，只是。

[14] 激赏　非常赞赏。

[15] 受知　得到他人的知遇。

[16] 卜氏　即孔门十哲之一卜（bǔ）商（前507年—？），字子夏，春秋末年晋国温地（今河南温县）人，七十二贤之一。以"文学"著称，擅长《易》理，曾为莒父宰，相传《诗》《春秋》等儒家经典就是由他传授下来。

[17] 滤漫　模糊不清。

[18] **手民** 雕版排字工人。

[19] **下走** 自称的谦词，亦指走卒、供奔走役使的人。

[20] **钱唐** 杭州的古称。秦时即设置钱唐县，唐武德四年（621），为避国号讳，改称钱塘。

[21] **许之瑾** 清末民初杭州人，字慕周，号竺生。

袁仲蔚县令出示他父亲忆江先生的兰蕙专著——《兰言述略》，全书共有四卷，翻阅之下，觉得不仅可以补充《群芳谱》中的兰花知识，而且还可以作为《楚辞》中关于兰蕙的注释，确实是别具风雅、情趣深远啊！

当年南皮相国张之万大学士出任江苏巡抚时，公务之外的闲暇时间，雅好养植兰花，各地的名花异种，都搜罗到拙政园的寓所里。只是未能尽知培养方法，忆江先生于是把这本书献给他，大学士非常喜欢，赞叹不已，忆江先生也因此受到相国的赏识。

珍奇之物往往聚集于爱好者的手中，其中个别人往往也会因为珍物而名闻于世，正如子夏所说的："即使是小技艺，也一定有可取之处。"

仲蔚大令能继承父亲的志向，担心原来的书版变得陈旧模糊，不能满足兰花爱好者的索书要求，于是交付排版工人重新印刷，让我写篇序言以作纪念。寥寥数语，是以为序。

光绪二十三年（1897）农历丁酉年　钱塘许之瑾序

《兰言述略》自序

天地间，奇花异卉，不啻[1]万计，或以色胜，或以香胜。是皆造物者萃[2]阴阳之精英，成世界之锦绣，以供骚人韵士[3]之品题，红粉青衫[4]之赏玩耳。独兰之一种，清芬秀逸，挺然拔俗，自来文人学士[5]以及缙绅大贾[6]，靡弗爱玩[7]。每届春初，贩佣蚁集，藉[8]以谋生，而绝壑深林、掇取殆尽[9]，街南巷北、累百盈千。风雅之途，竟成逐利之薮[10]，殊[11]可叹也。

予素喜兰蕙，初承[12]友人见贻[13]数本[14]，置斗室自娱，然未得栽培之法，至冬辄[15]萎。道光戊申[16]春，见周君怡亭[17]，室中兰蕙数本，询属[18]奇特，花气袭人，香凝不散。询[19]其栽法，爱而慕之。予归，即觅诸旧谱，披阅揣摩[20]，稍知莳植之宜。是年遂购新叶数本，后每值出山时，必采取植之。

自丙辰[21]，计获名兰八种、名蕙四种，爱玩忘饥，情萦寤寐[22]。庚申之变[23]，一枝莫携，尽遭蹂躏，为之怅然[24]者久之。是冬避居[25]沪渎[26]，宿爱[27]难忘，于乙丑^[28]春，复购新蕙一种，并在他处获剩余小叶^[29]老名种，兰五本、蕙七本。嗣^[30]由丙寅^[31]至庚午^[32]，数年来旁搜博采，指不胜屈^[33]，类皆^[34]有香无气，虽美易萎，间有佳种，亦非上品。

甲戌^[35]春，客^[36]携蕙一篓来，谓皆劣种，将弃之。予见其中有绿水仙一本，因分其半。盖亦可遇而不可求也，半生痴愿，于此略偿^[37]。爰^[38]将夙昔^[39]见闻，汇为一编，所以^[40]区别物宜^[41]，审其淑慝^[42]，或亦有万一之得^[43]乎，愿以质^[44]诸同好者。

光绪二年^[45]岁次丙子仲夏^[46]既望^[47]

吴门^[48]袁世俊^[49]忆江甫^[50]序

注释

[1] 不啻（chì）　不止。

[2] 萃　聚集，聚拢。

[3] 骚人韵士　指诗人、作家等风雅的文人。

[4] 红粉青衫　有学识的少男少女。红粉：妇女化妆用的胭脂和粉，旧时借指年轻妇女，美女；青衫：古时学子所穿之服，借指学子、书生。

[5] 文人学士　有学识德行的读书人。

[6] 缙绅大贾　缙绅：把笏板插在带间的人，即为那些做着官或做过官的人；大贾（gǔ）：大商人。

[7] 靡弗爱玩　没有不喜欢玩赏的。靡：无，没有；弗：不。

[8] 藉 借助。

[9] 掇取殆尽 纷纷挖取，几乎绝迹。掇（duō）：拾取，摘取。

[10] 薮（sǒu） 指人或物集聚的地方。

[11] 殊 甚、很。

[12] 承 受到，蒙受。

[13] 见贻 见赠，赠送给我。

[14] 本 株，棵，多苗连生。

[15] 辄（zhé） 总是，就。

[16] 道光戊申 道光二十八年，公元1848年。

[17] 周君怡亭 周怡亭，清末艺兰家，山阴（绍兴古称）人，著有《名种册》。

[18] 洵属 实在是。洵：义音同"询"，确实，实在。

[19] 询 询问，请教。

[20] 披阅揣摩 展卷阅读，悉心探求。

[21] 丙辰 咸丰六年，公元1856年。

[22] 情萦寤寐 对某事或某物时时记得，念念不忘。萦（yíng）：回旋缠绕；寤：醒时；寐：睡时，寤寐表示无时无刻。

[23] 庚申之变 1860年（咸丰十年），太平天国忠王李秀成在第二次击破清军江南大营后，乘胜攻下江苏南部多个地方，占领苏州。

[24] 怅然 失意，懊恼。

[25] 避居 为躲避灾难而移居他乡。

[26] 沪渎 地名，指吴淞江下游近海处，旧沪渎浦两岸，即今上海黄浦江下游一带。

[27] 宿爱 从前的爱好，旧爱。宿：从前，往日。

[28] 乙丑 同治四年，公元1865年。

[29] 小叶 弱苗，指尚未长大的兰蕙小草。

[30] 嗣 接着，随后。

[31] 丙寅 同治五年，公元1866年。

[32] 庚午　同治九年，公元1870年。

[33] 指不胜屈　扳着指头数也数不过来。形容为数很多。

[34] 类皆　大抵全都。

[35] 甲戌　同治十三年，公元1874年。

[36] 客　商贩，行商。

[37] 偿　满足，实现。

[38] 爰　于是。

[39] 风昔　往日，从前。

[40] 所以　原因，缘故。

[41] 物宜　事物的性质、道理、规律等。

[42] 淑慝（tè）　善恶，好与坏。

[43] 得　收获、教益。

[44] 质　评断，请教，指正。

[45] 光绪二年　公元1876年，农历丙子年。光绪系清德宗爱新觉罗·载湉（1871—1908）的年号，共用三十四年，从公元1875年至1908年。

[46] 仲夏　夏季的第二个月，即农历五月。

[47] 既望　望日的次日，通常指农历每月十六日。

[48] 吴门　苏州的古称。

[49] 袁世俊　字忆江，本书的作者，江苏苏州人。

[50] 甫　古代男子成年时取字，在字后加"甫"。《说文解字》：始冠之称，引伸为始也。

在宇宙天地间，奇花异卉数量与品种种类用成千上万这词来形容，实在还不足以表达其多！它们中有的以绚丽的色彩，有的以馨人的芳香而被人们所深爱。这都是由于造物主集聚天地的精华元气，才能造就出如此五彩缤纷的世界，可以提供给文人雅士们来吟咏品题，给才子佳人们尽情玩赏。但在众花中，只有兰这种花卉才具有清香隽秀、高洁脱俗的气质。历来许多有才德的读书人和为官者以及做大买卖的商人们没有不喜欢玩兰的。

每年春初之时，卖兰的人像蚁群般纷纷从四处赶到城里来，他们借助出卖兰花的收入来养家糊口，却使生长在深山野林里的兰蕙，被挖取到几乎绝种的境地。那累百上千买兰和卖兰的人使街南巷北变得如此热热闹闹，这些本是为崇尚兰蕙风雅的处所，却变成了一些人一心寻求钱财的途径，实在令人感叹不已！

我是个一向喜爱兰蕙的人，回忆当初，只是接受朋友赠送的几盆种种而已。我把它们置放在书房里玩赏，但因没有掌握好栽培的基本方法，因此每到冬天，它们就尽数枯萎。道光戊申年（1848）春时，我看到周怡亭先生屋里栽有好几盆兰蕙，那花朵正在盛开，真是芳香袭人，这情景使我从心底里深感钦慕，并向他讨教栽培方法。

一回到家，我立即找出自己收集的各种兰谱，打开书本，悉心探求起知识、技能，才初步明白了正确的栽培方法。也正是从这年起，我便开始购买了一些兰蕙新品，把它们莳养起来，此后又在每年春时，只要有人来卖下山新花，总要买一些回来莳养。

到咸丰丙辰年（1856）为止，已获得名兰八个品种、名蕙四个品种，自己也常因深爱它们而废寝忘食、常常会日夜惦念着它们。却因遇咸丰十年（1860）的庚申之变，在战乱中这些宝贝草，竟一株都没能带出，全部被糟蹋不存。心中时时痛惜不已。就在这年冬天，为避战祸，我迁居来到上海，但心中却仍然难忘这些深爱之物，于是在同治乙丑年

（1865）春，又买了蕙兰新花一个品种，同时又在别处获得了别人所剩余的那些尚未长成大草的老种名品，计有春兰五盆、蕙兰七盆；以后又从丙寅年（1866）到庚午年（1870），这五年里，通过四处广搜博采，数量大增至几乎一时连扳手指都数不过来，可是它们的花品档次却都是差不多的一般而已，虽然都有馨香，却总感缺乏神韵之美，而且还很容易枯萎。在它们中间有的虽算是佳种，却也并非上品。

甲戌年（1874）春天，有兰客携来一篓蕙草，他自说里面所装的都是劣品，打算丢弃，但我却看到了内有一丛绿色的"水仙"，花品开得极佳，因此要求买下半篓。大概这就是"可遇而不可求"这句古话的应验吧！想自己痴迷半生的愿望今天终于在不经意中初略得到了报偿。于是想把自己以往积累于心的那些关于兰花的见闻汇编成这本《兰言述略》，可凭借它作为审视和区别品种优劣的依据，或许它能给你以小小的帮助！愿向同好们请教，能给以指正。

光绪二年，岁次丙子年（1876）仲夏既望（农历五月十六）吴门（苏州）袁世俊 忆江（字）甫序

《兰言述略》例言

大凡立说著书，贵不泥古[1]。不离古以泥古者，失[2]之拘[3]；而离古者，失之虚[4]也。余谓尤[5]不止此，有宜朴实者，若专尚[6]风华，则失实；有宜风华者，若徒讲朴实，则失华。兰蕙文质[7]得宜，前人因拟[8]以君子，而后人作是书者，每多质而少文[9]。

历观嘉庆时吾乡克柔朱公《第一香笔记》[10]、道光间怡亭周君《名种册》、咸丰初沪渎孙公侍洲《心兰集》，及同治[11]间余姚周君荷亭《栽法》，其立说大同小异，悉宗唐宋说部[12]体例，采集诸书而折衷[13]之。然似有破觚为圆、斫雕为朴[14]之意，以致尚风华者，未免讥[15]其鄙略[16]也。余择而录之，并参以一己之见闻，以期其洞澈[17]无蔽，而华实能并茂也。无如[18]短于才，不获如愿，所望高明之家，摘讹指谬，进而教之，则幸甚。

忆江再识

[1] **泥古** 拘泥古法，不知变通。

[2] **失** 过错，错误。

[3] **拘** 固执，不变通。

[4] **虚** 虚浮，不笃实。

[5] **尤** 甚，更加。

[6] **尚** 崇尚。

[7] **文质** 外在表现和内在品德。文：文采，风采，风华，属外表的形式；质：质朴，朴实，真诚，属内在的真实。《论语》："质胜文则野，文胜质则史，文质彬彬，然后君子。"《文心雕龙·情采》："木体实而花萼振，文附质也。"

[8] **拟** 拟定、看作。

[9] **多质而少文** 追求内容的真实，而缺少言辞的华美。

[10]**《第一香笔记》** 兰蕙专著，成书于嘉庆元年（1796）。作者朱克柔，字文刚，号砚渔，乾嘉年间苏州人，医史学家、艺兰家，另有《续增古今医史》传世。

[11]**同治** 清穆宗爱新觉罗·载淳的年号，共用十三年，从公元1862年至1874年。

[12]**说部** 旧指小说以及关于逸闻、琐事之类的著作。

[13]**折衷** 对几种不同意见进行调和，又称折中。

[14]**破觚为圆、斫雕为朴** 去掉棱角，变成圆形；去掉雕饰，使返质朴。觚（gū）：带棱的方木板。斫（zhuó）：斧头劈、砍；雕：雕刻、装饰；朴：质朴。词出《史记·酷吏列传》："破觚而为圜，斫雕而为朴"。

[15]**讥** 批评，指责。

[16]**鄙略** 粗俗简略。

[17]**洞澈** 透明，清澈，透彻。

[18]**无如** 无可奈何。

今译

　　评价书或作品，贵有创意，只会循规蹈矩沿袭古人的路走者，称为"泥古"，他的过错是在不知灵活变通；而不切实际者连传统的精华也给抛弃的，则称为"虚空"，他的过错是缺乏作为依据的底气。要说错误，我认为当然远不止这些。

　　赞成注重内蕴质朴的人，如果一味崇尚外表形式的风华（文采）就会失去质朴（真实）；而赞成注重外表形式风华的人，如果白白地空讲内蕴的质朴，就会失去风华。兰蕙同时具有外表的风采与内蕴的质朴，非常迎合人们的心意，因此前人把它们比作君子，从而使写兰书的后人，往往特别喜欢写它内蕴的质朴，而少写了它外表的风华。

　　我曾逐一地读过前辈们所写的那些兰书，总的感觉确是注重了歌颂质朴的内涵，却常常缺少对风华的描述。我拜读了嘉庆年间（1796—1820）同乡朱克柔先生的《第一香笔记》、道光年间（1821—1850）周怡亭先生的《名种册》、咸丰初年（1851）上海孙侍洲先生的《心兰集》以及同治年间（1862—1874）余姚周荷亭先生的《栽法》，这些书在内容立意方面几乎是大同小异，都是采用了唐宋时记叙性一类旧小说的写作格局，作者一个劲地摘录一些有关书籍里的内容，然后作些调整，给人似有一种改头换面的感觉，结果使重视兰风华的人看后觉得所写的知识内容未免浅陋。在这书里，笔者除了有选择地引用一些前人书中的观点之外，同时结合自己个人的所见所闻的内容来加以充实，希望能使人看得清楚明白，力求能把风华与真实相互结合得自然合适。但因本人学识短浅，万一不能完全达到本意的要求，敬望高明行家能批评指正，作者视能获得教益为快乐。

忆江再识

《兰言述略》总说

兰蕙品类甚多，出处不一，其幽雅固不与凡卉同，而佳种亦不多觏[1]。不尽知其种类，则罕[2]能分轩轾[3]；不善为调护，则奚能[4]培美蕊。善养者惜叶如惜玉，择品如择人。而培养调护，譬如抚育赤子[5]，必揆[6]夫天时之雨旸[7]、气候之寒燠[8]，随时布置[9]，勿使失宜[10]。

以每月之调护言之，正月冻热不一，稍不慎即致萎败。二月不妨露处，有霜则遮，至于冰雪，更宜移避。三月为翻盆之时。至四月小满[11]后，天时渐热，宜遮芦帘，择其稀缝者。五月仍宜遮稀缝芦帘，盖缝紧则少见风日，花不生发，天雨则不妨任其淋漓，以霉雨[12]受之更易生发。六月为浇壮之时，天暑日烈，则遮紧缝之芦帘，帘如无缝，则花害于阴而不发。七月亦可浇壮，仍宜易稀缝之芦帘。八月则凉风乍动，暑气全消，可以去芦帘，任其日晒。九月则一年之培养，生发于此已定，而花之盛败，亦于此定。十月夜有霜至，则宜避之，如有冰则移于室。十一月天如融和，不妨仍置檐下，至有冰则藏之室，盖冰则根空，蒸[13]则叶烂而剩根，是皆不救之病。十二月与十一月大略性相同，盖此两月，最易受病或受冻、受蒸之时，一有不慎，即使萎而莫救，是宜三致意[14]焉。

噫！从事于此者始终加意，何至叶不丛而花不茂哉。余尝谓艺兰之法，惟余姚法最精。从前诸家皆不得其法，太矜贵[15]而偏于阴，故不甚茂。然其法秘而不传，即邻县山阴[16]等处，亦皆不知。余今得之，悉心[17]采录，虽语言浅陋，未能详尽，亦不无小补[18]云。

忆江又笔

注释

[1] 觏（gǒu）　看见、遇到。

[2] 罕　稀少，很少。

[3] 轩轾（xuān zhì）　喻指高低轻重。车前高后低为"轩"，车前低后高为"轾"。

[4] 奚能　怎么能够（胜任）。

[5] 赤子　初生的婴儿。

[6] 揆（kuí）　揣测。

[7] 旸　晴天。

[8] 燠（yù）　暖，热。

[9] **布置** 对场所作整理、安排。

[10] **失宜** 不适宜，不妥当。

[11] **小满** 农历二十四节气的四月中气， 夏季的第二个节气，在每年公历5月20日、21日或22日，以太阳到达黄经60°为准。

[12] **霉雨** 初夏江淮流域一带出现一段持续较长的阴沉多雨天气。此时，器物易霉，故称"霉雨"，又值江南梅子黄熟之时，故亦称"梅雨"或"黄梅雨"。

[13] **蒸** 闷热不通风。

[14] **三致意** 再三地表达想法。

[15] **矜贵** 高贵，珍贵。

[16] **山阴** 旧县名，因地处在会稽山之阴（北）而得名，山之阳（南）则为会稽县，后两县合并即今绍兴。

[17] **悉心** 尽心，专心。

[18] **不无小补** 指作用不大，多少有一点益处或多少有一点帮助。补：补助，补益。

兰蕙品种非常的多，它们都来自各个地方，具有清香雅洁的气韵，与其他的那些花卉相比是不一样的，尤其是一些名贵的佳种，更是难得一遇。如果你不能非常熟悉它们的种类特征，就会像一个迷昧不辨轻和轩两种车子的人一样；如果你对兰没有掌握栽培管理方面的知识和技能，那又怎么能培育出秀美的兰株和馨香的兰花来呢？

一个擅长养兰的人，对兰株叶的看重和爱护至深，如同珍惜珠宝一样；对品种挑选工作，如同选拔人才一样严格。对兰蕙管理和培育条条准则，得如同呵护襁褓里的婴儿一样精心。要观测天气的晴雨和气候的冷暖，及时应对，做好合理的安排，小心防止兰蕙遭到损失。

今以兰蕙在一年中每月的培护工作为例，来作一个概括的讨论：正月气温常常冷热不稳定，一个不小心就会造成植株枯萎。二月不妨把兰放到室外去，但遇有霜时要遮盖好，要是遇到冰雪天气，就更应重新入室移避。三月是翻盆的好时机。四月小满后气温一天比一天热，应搭架铺稀缝芦帘遮阴。五月仍应遮稀缝芦帘，如遮盖的芦帘缝太密，那风日就会少见，不利于苗株长花长叶；下雨的时候就让其淋着，因为霉雨季节的雨水，利于苗株长花长叶。六月是兰蕙棵株发壮的时节，可以施些肥料，此时天正暑、日更烈，必须要改遮密缝的芦帘，但如果芦帘过密无缝，就会显得过阴，兰草植株生发就不会好。七月仍可以施肥，此时上面可换盖稀缝芦帘。八月暑气被赶走，凉风阵阵时感秋意，芦帘可卷起不用，任兰蕙多接受阳光。九月里兰蕙一年中的生长发展基本结束，植株的大小和它们长蕾、发花的多少，眉目也就在此时定局。十月，晚上有霜，应该要设法移避，如果遇有冰雪天气，应立刻搬移到室内防寒。十一月里如遇有天气转为温和时，兰盆仍可搬出室外置放在屋檐下；当遇到有冰冻天时，就赶快重新搬入室内防冻，须知兰蕙如受过冰冻，根就会变空，如受过闷热（江浙人称"蒸"）就会烂叶而只剩空根，这些都是无法挽救的"死症"。十二月和十一月气温寒冷基本相似，大略地说这

兰言述略

两个月里兰蕙最容易因受冻或受闷而致病，一不小心，全盆就会萎败无救，所以要再三地关照它们，重视和爱护它们。

　　啊！爱兰、养兰、玩兰的朋友，如果您能始终如一地时刻把它们放在自己的心上、持之以恒地用自己的辛勤去关爱它们，那怎么还会愁它们株不成丛、花不繁多呢？

　　我曾和友人说起过艺兰的方法，要数余姚人的方法最为精到，回忆从前有不少人种不好兰蕙，其原因是因为没有掌握栽培的要领，他们把兰蕙看得过于神秘、贵重，常常爱之太殷，光照又过分偏阴，所以苗株生长不太繁茂。可是余姚人对自己的艺兰方法却非常保守，不肯轻易传教给别人。他们是会稽人，即使是隔壁邻县的山阴人，都全然不知道余姚人的栽兰方法。对此我一再地经过思考分析，还采访了有经验的余姚兰友并作了记录，已经知道了他们的栽培方法，要把它介绍给大家。文中语言虽不太华美，内容也未必详尽，只是给艺兰的朋友作为一点艺兰知识方面的补充！

忆江又笔

《兰言述略》卷一

吴门袁世俊忆江甫辑

花 品

梅瓣素第一，水仙素第二，

荷花素第三，梅瓣第四，

水仙第五，荷花第六，

团瓣素第七，超瓣素第八，

柳叶素第九。

以上俱入品，其色金为贵，绿为文，赤为武，今将现有各种录于左[1]：

[1] 左 左边。古书文字竖排，从右到左，左边相当于现代书籍的下边。

今译

　　以上是兰与蕙可以入品的九种典型花品名称，它们的花色以黄（如金子）为最珍稀，绿色花显得细腻、优雅，故称文花，赤紫色花显得奔放、粗犷，故称武花。今集现存的品种介绍于下。

兰四种

绿梅素种：萧山梅素

绿素种：周文团荷素、新文团素、和尚素、常熟素

赤梅白舌种：玉梅

赤细种：宋锦旋梅、春一品仙、大金钱梅、翠钱梅、第一梅、集圆仙

蕙四种

绿细种：上顶梅、大一品仙、翠蟾梅、前上海梅、小塘字仙、张绿仙、通祥仙、南翔张仙、蜂巧梅、潘绿梅

绿素种：金嵊荷素[1]

赤细种：夏新水仙、夏叶梅、夏老水仙、常熟程梅、元字仙、关顶梅、大陈字仙、荡口盖字仙

赤素种：花核荷素

以上兰蕙三十二种，其形色详明种类门[2]，兹先举其目[3]，以志尤[4]者。今产江浙之新花，类皆劣品，不足载。

凡兰蕙之两旁大瓣[5]，须平如一字，谚云一字肩。有初开平肩，久而花瓣转向上者，名飞肩，最贵。初

舒平如一字，久渐落，谓之开落，次之。落肩者，更次之。

梅瓣与水仙，须看捧心，白头[6]者为准，名巧种[7]，无白头者非也。分窠[8]非夹背[9]，软[10]如观音兜，深者佳，浅者次之，鸡豆[11]壳片亦然。大瓣不秡[12]而头圆[13]者为梅，尖[14]者为仙。五瓣贵无筋[15]而洁净形俏，肩平，舌大垂下而圆，大瓣边须紧[16]如兜至其脚[17]。梅宜圆，仙宜收根[18]，方为上品。

荷花，瓣厚而有尖，脚短收根。捧心短，剪[19]刀为次，如蚌壳者为佳，此谓真荷花。有似是而非者，相形之下真伪立见，不能混也。

团瓣，圆头，润而短，不收根。超瓣，形如调羹式。柳叶瓣，形似柳叶。捧心总名剪刀，短者佳，长者次之。

兰蕙之品素，绿沙胎[20]为上，白沙胎为下，黄色者次之。如刺毛素[21]，舌上有细红点如毫末，或墨或黄，细阅方见。其腮有红者，为白舌，非素也。蕙花中有远望如素，近视隐约如现粉红者，名澹舌。

兰捧心短蚌壳，无白头，蕙捧心是剪刀，舌圆如兰舌，以上兰蕙均名"滑口水仙"[22]。有水仙与梅瓣之捧心，合而不分者，俗名"连肩搭背"[23]，或"分头合背"[24]者亦然，有白头起兜，均是下品。分窠者有白头为"巧种"[25]；无白头为"官种"[26]，均是上品。其外三瓣边紧而阔者为上，平边者为中，狭而秘角者为下。其种有七十二之说，实则逐种逐样，不能繁载也。

舌凡圆大而垂下者为上，至复花时亦不变劣。刘海舌复花时则较前更胜，皆不易得也。有舌在捧心内不舒吐者，名为吊舌；有偏在一边者，为歪舌；有舒而不卷者，为拖舌，俱舌之最下者。有无舌者，名"三瓣一鼻"[27]，品斯下矣！

有花从顶先开，为"尨放[28]"，非佳品也。或乍开瓣甚狭，越三日始足[29]，比初时阔二三倍者，惟上品有此开式。有蕊如桂，花大已出大壳，在小壳内即开，渐透渐大者，为"佛手花"，此品陋也。

兰蕙一本，有大叶[30]三部[31]者，如复花在大叶处，花开时不致不足。若在中叶处复花，花必变劣。

兰蕙品类不齐，而称名亦不一，或以人传，或以氏传，或以地与花传，非拘[32]本形本色也，偶有异者，亦可随意命名。

注释

[1] 金嶼荷素　即金呑素。嶼：同"呑"，浙江、福建等沿海一带称山间平地，多用于地名。书中原为"嶹"字，疑为笔误或为异体字，故改之。

[2] 种类门　此书分为八门（即八部分），其中一门为"种类"，主要介绍各种名品。

[3] 目　细则，大项中再分的小项。

[4] 尤　特异的，突出的

[5] 两旁大瓣　即兰花左右两侧萼片，俗称肩。

[6] 白头　指兰花内轮二花瓣（俗称捧），上部有白色或浅黄色的突状小块，即具有雄性化特征。

[7] 巧种　指对兰花内轮二花瓣的两个要求：二瓣间距适当分开和具有雄性化（白头）的特征。

[8] 分窠　兰花内轮二花瓣，有雄性化特征，但因雄性化变异程度得当，二捧与三外瓣各自独立而不粘连。

[9] 夹背　兰花中宫两枚花瓣（捧），因雄性化变异程度过强而中部或下部被粘合一起。

[10] 软　谓兰花二花瓣（捧）上部的雄性化变异程度弱或得当的形状。

[11] 鸡豆　学名鹰嘴豆，豆目蝶形花科草本植物，是世界第三大豆类，中国主要种植于新疆、青海、甘肃等地。其果实色如黄豆形如豌豆，一端尖似鹰嘴，"鹰嘴"背后部位鼓凸、中有凹缝（泡水后更为明显），酷似兰蕙花朵的一种软捧心。

[12] 破　皮或表层凸起。在艺兰术语中，指兰花外三瓣或捧瓣不平整，出现弯曲扭转的形态。

[13] 头圆　指兰花的三萼瓣端部呈圆弧状的特征。

[14] 尖　指兰花的三萼瓣顶端部呈尖带钩刺状。

[15] 筋　兰花花萼（外三瓣）与花瓣（二捧）的绿底上存有红色的脉纹或斑点。

[16] **边须紧** 俗称紧边，言三萼瓣端部的边缘略向内卷形成兜状形。

[17] **脚** 是对兰花三萼瓣基部至中部的喻称。

[18] **收根** 指兰花花萼（外三瓣）的基部变窄变细。

[19] **剪** 原书所记均为"翦"，义为"剪刀"或"用剪刀截断"，因"翦"现不常用，故全部改为"剪"。

[20] **绿沙胎** 素心兰蕙舌瓣底面呈绿色，瓣面附着绿色茸状物（俗称苔），犹如覆盖一层绿色的晶状细砂。胎：古时中医舌诊称"舌苔"为"舌胎"，清代温病大家吴鞠通提出舌上长苔如"土坂之阴面生苔者然"，受到诸多医家赞同，自此"舌苔"逐渐取代"舌胎"。

[21] **刺毛素** 兰蕙花朵的舌苔上没有红色斑点，但是有细微的黑点黄点或绿点，看起来像长在植物叶子背面的粉虱若虫。《第一香笔记》："刺毛素，舌上有细点如毫末，或黑或黄或绿，细看方见。蕙无映腮、桃腮二种，惟刺毛素有之，舌无红点、带黄绿色。刺毛素复出间有净者。"刺毛，同翅目昆虫粉虱的若虫，多为深黑色，体披黑色刺毛，群集叶背刺吸汁液，体躯周围分泌白色蜡质物，3龄幼虫体长约0.7毫米。

[22] **滑口水仙** 梅瓣或水仙瓣的两个花瓣（捧）上，没有雄性化特征，如蚌壳捧、剪刀捧、蒲扇捧等。

[23] **连肩搭背** 梅瓣或水仙瓣花的内轮二瓣（捧），因雄性化强，致整个上下部粘连合生一起。

[24] **分头合背** 梅瓣或水仙瓣花的内二瓣（捧）因雄性化程度较强，顶端（头）虽分开，但下部却合生一起。

[25] **巧种** 梅瓣、水仙瓣内轮二瓣（捧）相互不粘连合生，上面有"白头"（雄性化合适），俗称巧种。

[26] **官种** 兰花内轮二花瓣兜浅，且没有"白头"俗称官种。

[27] **三瓣一鼻** 兰蕙之花因雄性化极强而致二花瓣连同蕊柱与唇瓣粘连合生一块，故称"三瓣一鼻头"，因形视油灰而俗称"油灰块"。

[28] **尪放** 原书所记"癃放"，"癃"为中医病证名，指各种小便不利，也指年老衰弱多病，字义与语境相差甚大。《第一香笔记》有句"有先

从顶花开者，谓之尨放，亦属佳品"，花从顶上先放，有居高临下、摇摇欲坠之险象，与"尨"字"峻拔高耸"之义相通，疑为音误，故改为"尨放"。

[29] 始足　原书所记"越三日胎比初时阔二三倍者"，此处"胎"字义不明，参考《第一香笔记》有句"开至三日始足，较初开阔至两三倍者"，疑"胎"为错字漏字，改为"始足"。

[30] 大叶　壮苗，壮大的兰蕙植株。

[31] 部　量词，以兰蕙芦头计量，相当于"苗"。

[32] 拘　拘束，限制。

以上所列兰蕙品种三十二个，关于它们形与色的特征介绍拟安排在种类门里，这里先记载上优异品种的名称。至于现今产于江浙山间的那些新花，因品类差劣，载入书中尚不够格。

不论春兰或蕙兰的花，向左右两边伸展侧萼瓣"肩"的形象必须平如一字，俗称为"一字肩"。有的花初开时呈一字肩，但开放数天后两侧外瓣竟变成向上斜伸，俗称"飞肩"，这是最好的花品。也有的花初开时两侧瓣是平肩，数天后就慢慢向下稍有垂落，称为"开落"，又称"微落肩"或"小落肩"，花品档次因此就要差些。如果几天后还继续下挂，那就称"大落肩"，花品档次就属差劣。

判断是否是梅瓣型或水仙瓣型花品的标准，关键是要看花的内轮（中宫）里两枚花瓣（捧），它们的顶部是否长有雄性化肉疙瘩，即以有无"白头"为标准。如果有的，就属于"梅"或"仙"俗称"巧种"，没有"白头"，那就既不是"梅"也不是"仙"。

两片花瓣虽有了雄性化特征，还要再看它们是否是适当相对分开的，分开即称为"分窠"，相互黏合一起的，就称"夹背"（又称合背）。分窠的花品佳，档次要优于夹背的。再是二花瓣（捧）如果雄性化程度适合的，称为"软兜"；雄性化较强的，称为"半硬兜"；雄性强的，称为"硬捧"。观音兜捧、鸡豆壳兜捧，它们的"兜"都是深兜，兜深的比兜浅的要佳。

梅瓣型的花，外轮三萼瓣（外三瓣）要求形短端部呈圆弧状，边缘内折紧收如勺，如果稍有扭曲不平整，就称为"挢"，花品就不好；如三萼瓣端部是尖头的，就称作是"水仙"了。

水仙瓣型的花，外轮三萼瓣（外三瓣）和内轮二瓣（二捧），一是要求净绿，没有红筋红斑；二是形状俏丽，须是一字肩和有下垂的大圆舌；再是外三瓣端部边缘上翻内折紧收如勺称"起兜"，但到近基部处必须变窄变细称"收根"。

梅瓣型花品，强调三萼瓣端部形要圆，俗称"结圆"（注：基部也应短而紧收）。水仙瓣型花品强调三萼瓣基部要变细，俗称"收根"或"着根"。达到以上要求的才称作是有瓣型的好花。

荷花瓣型的花，要求外轮三萼瓣（外三瓣）及内轮中宫（二捧）的肉质均须厚，外三瓣端部宽阔有尖头，称"放角"，基部须短而窄，称"收根"；内轮二花瓣（捧）须短圆，蚌壳捧为佳，剪刀捧次之，达到以上这些要求的，才称得上真荷花。有些花的开品略有几分相视之处，但只要通过一一比较，真假便立即可见，千万不可混淆（注：荷瓣型花还应有大圆舌，大铺舌或大如意舌的要求。）

团瓣型花的特征是三萼瓣（外三瓣）上部，须圆而短阔，但它们的基部没有须变窄（不强调收根）的要求。

超瓣型花的特征是三萼瓣（外三瓣）状如三只调羹组合的样子。

柳叶瓣型花的特征是三萼瓣（外三瓣）形似三片细长的柳叶，内轮二瓣（捧）为剪刀捧，有"长剪刀捧"与"短剪刀捧"的区别，两者比较，以短的为好。

兰蕙花的唇瓣（舌）上有茸毛状物，俗称"苔"或称"沙苔"。以素绿沙苔最好；黄色沙苔较次；白色沙苔更次之。有称名"刺毛素"的花，舌上的茸毛状细点有红色的，或黑色及黄色的，必须仔细地看才能感觉出来。发现素花舌的腮部有红色斑，则称为"白舌"，并不是真素心。常见蕙花舌上远看净洁如素，而近看却隐约感觉有淡红的色光，这就称作"淡舌"都不是净素之花。

兰的两枚花瓣（捧）呈短蚌壳形，上面没有雄性化即"白头"的特征；蕙的两枚花瓣（捧）呈剪刀捧，其舌形同兰的圆舌，不论兰或蕙，只要有这样的特征，就统称为"滑口水仙"。

水仙瓣或梅瓣的两枚花瓣（捧），被相互黏合一起，根据黏合的不同程度分别称为"连肩搭背"或"分头合背"，这样的花品即使有"白头"和"起兜"的特征，都属于下品。

三萼瓣（外三瓣）和花瓣（二捧瓣），相互合适分离（五瓣分窠），二捧上面有雄性化特征（白头）的，称为"巧种"；没有"白头"的称为"官种"，它们都是上品花。

兰蕙花外轮三萼瓣（外三瓣），端部宽阔，并向内收折（紧边）如勺的，为最佳；端部宽阔，但边缘不紧收的，为较佳；三萼瓣（外三瓣）形状狭窄或有扭曲不整而称为"被角"的，都是下品。据说各花都有不同变化特征，有七十二种之说，实因太繁琐，不可能一一地对它们作介绍。

唇瓣（舌）的形状以圆大、垂下的为上品，凡这种舌形的兰蕙之花，复花时不会走样变差。具刘海舌的这种花，复花时的花品会比初下山时的花品更好。但是要想得到那样的好花确实是很难的。有的花，唇瓣（舌）躲在两枚花瓣间，不肯大大方方的向前伸出，这种状态的唇瓣称为"吊舌"。有的花唇瓣偏长于一旁的，称为"歪舌"。有的花唇瓣外伸拖挂的，称为"拖舌"。这些唇瓣形态不同的花，均属差劣之品。还有一种没有唇瓣的花，俗称"三瓣一鼻"的，品级也属低劣。

蕙花开放先从顶上而逐渐下开的，俗称"尨放"，不能称是佳品。蕙花初开时瓣形较狭窄，过了三天左右，花瓣比初开时宽阔了二至三倍。只有异品花才会有这种开品。蕙花各个小花苞，从大苞衣壳中出来时形似微形佛手，大小如一朵朵桂花，它们在小衣壳内渐透渐大，被称为"佛手花"，花品差劣。

一盆兰有大草三筒，复花时，如花苞分生在大株壮草的芦头边，开花一定壮美力足。如果花苞分生在中株草的芦头边，复花时花品必会变差一些。

兰与蕙品类不齐，称名方法也不一致，有的以采觅人或选育人的名字或姓氏取名；有的以采觅地名或选育地名取名，并不拘泥于某种固定要求，偶得异品新花时，都可按自己的想法，给它取上个喜欢的名字。

花 性

【一】

蕙喜浅，兰更喜浅，此培植之方也；兰生阴，蕙生阳，此物性所赋也。树之者[1]当规[2]以天时之雨旸、气候之干湿，为之执中[3]以保养，庶[4]无萎败之虞[5]。余初照江苏栽法，其根渐次变黑，叶亦渐次起黑点，数年之中根叶烂尽。其病在不按气候之宜，有阳时总用芦帘遮盖，以致少见太阳，晒不得力，实于栽养之法大谬[6]。

同治壬申[7]春，所得余姚周荷亭晒兰之时。其法最为尽善，蕙晒三时[8]，兰晒二时，可多不可少，然过晒叶必至黄。若天寒时，以多晒为宜。晒时最宜平屋低墙大天井[9]，有风透阳处安置。至小满后，天如大热，即遮芦帘，如不大热，至夏至[10]必遮。初须稀缝，伏天[11]则易紧缝。然缝过紧，花亦有害，至白露[12]即去之，任其日晒。如夏至不遮芦帘，则新叶更发，老叶多晒必全退[13]。

自霜降[14]起，夜有微霜，不妨仍露，霜重则移于檐下。有微冰移入房，冰厚闭门。如再冰[15]，用炭基[16]三个装一炉置架上，架须高过叶者，一室之中当置四炉。盖南方冷气，自上而下，周而复始，炉火不能稍歇。室内不冰，即可去火；开门不冰，即宜开门，务须向阳而透风，否则必蒸烂其叶。室内不冰，即移置檐下。盖兰蕙之性，保护者至冬季最为费力，或冷或热，悉宜随时顺其性以安置，庶可保全。

尝言兰性喜干，实则春喜润，夏秋喜微潮，冬须润中带干，潮则恐在室蒸烂。兰宜带润，蕙宜带干，而皆忌雪，春雪尤甚。露天位置，宜向南而背西北，西壁宜高，东壁宜低。取其上午有阳，午后无阳，四季皆然，故其叶青翠可观。夏日盆泥晒热，逢雷雨必须移避，恐泥热受雨，必致蒸坏根本。如已被雨冲[17]，而热气未除，须以冷水冲救。

老花[18]翻盆宜早，恐其至冬在房受蒸，宜于春分[19]起立夏[20]为止，迟则当发萌之时，动之有害。种好后，用水缸盛水，将盆置水中，使盆底映透，随时取出，次日再浇一次，避阳七天，得大雨后始可见阳。如新花[21]出箦[22]，其法又不同，用栈条[23]周围绕之，稻草打潮铺底，将花根蘸水，逐把装入，面上复用潮稻草，待蕊根水透，随时种盆，藏风^[24]七天，忌阳二三十天，则无僵蕊^[25]之虞。

注释

[1] 树之者　栽培（兰花）的人。

[2] 规　通"窥"，观察。

[3] 执中　无过与不及，不偏不倚。

[4] 庶　也许，或许。

[5] 虞　忧虑，忧患。

[6] 大谬　大错特错。

[7] 同治壬申　同治十一年，即公元1872年。

[8] 时　时辰，大时。旧时的记时单位，一昼夜十二分之一为一个"时辰"，即两个小时。

[9] 天井　宅院中房子和房子或房子和围墙所围成的露天空地。

[10] 夏至　农历二十四节气的五月中气，在每年公历6月20日、21日或22日，以太阳到达黄经90°为准，这天北半球各地的白昼时间达到最长，也是一年中正午太阳高度最高的一天。

[11] 伏天　即三伏天，一年中最热的时候。从夏至开始，依照干支纪日的排列，第三个庚日起为初伏，第四个庚日起为中伏，立秋起第一个庚日为末伏的首日，末伏十天。伏天的起讫时间每年都不尽相同，大致是在七月中旬到八月中旬。

[12] 白露　农历二十四节气中的的八月节令，在每年公历的9月7日、8日或9日，以太阳到达黄经165°为准，是秋天的第三个节气，表示仲秋时节的开始，表征天气已经转凉。

[13] 退　脱落，俗称退草。

[14] 霜降　农历二十四节气的九月中气，在每年公历的10月22日、23日或

24日，以太阳到达黄经210°为准，是秋季最后一个节气，我国黄河流域已出现白霜。

[15] **再冰**　指兰花入房后，房内还是出现结冰现象。

[16] **炭基**　即炭墼（jī），用炭末和泥土捣拌后所制成的块状燃料，多呈圆柱形，可用来燃烧取暖。

[17] **冲**　浇注。

[18] **老花**　已被人工栽培多年的兰蕙植株，即老盆口草，又称旧花、复花。

[19] **春分**　农历二十四节气的二月中气，是春季九十天的中分点。在每年公历3月19日、20日、21日或22日，以太阳位于黄经0°为准。这一天太阳直射地球赤道，各地几乎昼夜等长。

[20] **立夏**　农历二十四节气中的四月节令，在每年公历5月5日、6日或7日，以太阳到达黄经45°为准，夏季的第一个节气。

[21] **新花**　刚从山上挖下来，未经人工驯养的兰蕙植株。《第一香笔记》：出山初种者为新花。

[22] **出篓**　把装在竹篓里的（下山新草）取出来。

[23] **栈条**　农村里使用的一种农具，用于栈存谷物。晒谷物或轧米时，用围成圈的栈条临时存储谷、麦、米等，待装入袋子或米囤后拆除。《皇朝经世文续编》：以篾织如席曰栈条。

[24] **藏风**　不受外风侵袭而耗散生气。

[25] **僵蕊**　花苞萎缩不能正常开放。

"蕙喜浅，兰更喜浅。"这句话简略概括了栽植兰蕙的基本方法；"兰喜生长在阴处，蕙喜生长在阳处。"这句话是在告诉我们这是大自然这个造物主所赋于兰蕙的天性。喜欢栽培它们的人，应懂得时时观察天气晴雨和气温冷暖干湿的变化，对于这些情况，应明白在自己心里，在培护工作中能及时正确加以应对，如此才可免去它们萎败的忧虑。

  回忆自己初栽兰蕙时，是采用江苏兰人的栽培方法，结果是根逐渐发黑、叶上黑点不断增多，没过几年，根株烂得一点不剩。查原因是没有按照天时的变化，合理地加以管理，只要一见有太阳，就把芦帘紧遮，致使兰蕙接受光照过少，生长发育不佳，这实在是培护方法违背花性而铸成的大错。

  到清朝同治壬申年（1872）春时，经过培护实践之后，体会到余姚周荷亭的晒兰方法说得最为全面正确，蕙要求每天接受阳光三个时辰（六个小时），兰则接受阳光两个时辰（四个小时），并且晒的时间可适当长些，但绝不可随意减少应有的光照时间。同时也须知兰蕙接受光照时间不可太过，如受光过长过多，必会致兰蕙叶色发黄。若冬季气候寒冷之时，则应多接受阳光为好。

  安置兰蕙的环境，须选择能晒到阳光的平屋和围墙低矮的院子，这种阳光充足又能透风的场地，都是栽培兰蕙的好环境。

  小满以后，如气温过高，天已大热，应立即遮盖芦帘，以减低光照力度，如天气还不太热，芦帘再晚可推迟到夏至再遮，但从夏至开始就必须要遮芦帘。初时遮阴用的可选择稀缝芦帘，让兰蕙尽可能多地接受些光照，到了伏暑天阳光过烈时再改换密缝芦帘遮盖。但一分为二地说，芦帘缝隙过密，光照透射就会过少，也会影响兰蕙健康生长；如果到了夏至后仍不遮芦帘，兰蕙植株任由日晒，反能让新草生发得更旺，但老株因过于多晒难挡，其草必会全部退去。芦帘遮到白露就应当全部撤去，任由植株接受阳光。

霜降之后，如果夜有微霜，兰蕙不妨仍可放置在露天，等到霜重时再搬移至屋檐下。如到天气微冰时，兰蕙就应当立即入房；若是冰厚天气，还要紧闭门窗；遇冰冻继续数天之时，则要生起炭炉子，三小畚箕装满一炉，一室中东南西北四面共四炉，置放在高过兰叶的炉架上。因为冬时的冷空气是由上向下不断潜入室内的，所以炉火不能停歇。但若兰室内不结冰，应当立即搬走炭炉，并打开几扇朝阳的门窗，使兰室排出有害浊气，流入新鲜空气，并能接受光照，或可把兰蕙搬移到室外屋檐下，以避免关在室内受蒸闷致病。冬时天气忽冷忽热，变化无常，但因兰蕙本性使然，人为了顺应它们的生长习性，必须妥善地做出相应的安排，能使它们得以保全。所以培护它们的人，要算是冬时管理最为辛劳费力的时候。

古人曾说过"兰性喜干"的话，但确切地说一年中应是四季有别，春喜润，夏秋喜微潮，冬应润中偏干。冬时兰蕙在室内，若太潮（盆泥湿度过大），就容易使兰蕙受蒸闷（盆泥不够透气），极易致病。严格地说，兰宜带润，蕙宜带干，它们都不喜欢雪，尤其害怕春雪。

露天养兰，首要是选择好场地（环境），位置应选坐北朝南，西墙高，东墙低，这样可接受上午的阳光，回避午后的强阳，如一年四季都能这样，兰蕙植株自然会叶色青翠，光润可爱。

夏天，盆泥被阳光晒热，突然如遇雷雨淋洒，必使兰蕙的根和植株受蒸而被伤及。必须赶快移避。但因是热泥突然受到雨淋，盆泥中闷热之气尚未散尽，必须用冷水反复加以冲救，直到手摸有凉感。

春时，老盆口翻盆时间应该尽早些，自春分始到立夏止最为适宜，若过迟，则已处于新芽新草的旺发期，若此时再动手翻盆，势必影响它们整年的生长。秋时翻盆，时间也须尽早，若迟了，则冬季接踵来到，兰蕙还未服盆就需进房过冬。把刚上好盆的兰蕙，浸入有水的大盆里，使水慢慢由下往上被盆泥吸取，至基本饱和后取出。第二天再浇一次水，放阴处七天，得大雨或用人工淋浇清水后才可以见阳光。如果是刚出簬的新花，上盆方法跟上法不同，先用竹篾或细木条打成一个筐，接着用清水浸透的湿稻草平铺筐底二寸许，再把整理好的下山草，一把把地浸过清水后整齐地竖排在筐内至装满，然后再用湿稻草铺盖上一层，不需要加温。数天后取出花苞鲜润的草，即可上盆。栽后避风七天，避直射光须二三十天，这样可免去花苞干僵的后患。

【二】

余姚嘉庆间，张应位专收美种，艺兰为生，如法种之，培养尽善。道光时有徐汉三，亦余姚人，嗜兰蕙，平生尽其所长，当时颇以为能，然究其栽养之法，亦无他巧，不过顺其性以导之尔。

有白点如菜子，沿生叶上及根旁者，名白虱[1]，乃泥潮见阳、不通风之病。须用竹片刮去，若不修治，日积日多，必至伤叶，亟移置通风处，见有生出，即行刮去，可保无虞。再种之略深，亦有此病，宜随时翻浅、捉净。

兰蕙每本叶五部，内如蕊多，择其巨者，留一蕊开玩，余悉去之，慎勿姑息，若不除去，必伤巨蕊。兰开二十天即当剪去，蕙宜顶花放足后七天即可剪去。至于根叶，闭风则伤，受风则不伤。

护复花之法：冬季盆泥宜带湿，则来年花干可以拔长。蕊出壳至排铃时，若见日，则绿花转赤，素心舌转白。至行干[2]时，宜置平风暖处，以防折干。自排铃时，宜避雨，恐霖[3]去花膏[4]，致伤其力。大排铃[5]时，泥须带干，潮则花开有落肩之病。至含葩[6]欲吐时，不可受露，受露则变武[7]，无雅淡宜人之态也。

花不称意者，至花放至"瘀吐"[8]时，见硬捧心[9]即折开，将舌卸出，开时方端正。如软捧心，任其自放，切勿妄动，动则有伤。兰放时肩如落下，用竹丝劈其端如叉然，衬以油纸，撑至比一字肩略高，至四五天撤去，其肩即平。蕙朵多落肩之花，虽云可撑，然亦无用。如花开拗[10]，俟其长足，将牙茉莉簪[11]屈之使熨贴[12]。如舌秭，将牙茉莉簪头置热水中，俟其热后，于近根烫之，其舌即落。然称意之花，固不假人力而自有天然之奇妙，至若劣薄者，虽时加屈抑[13]，故态[14]复萌。

[1] 白虱　即介壳虫，一种常见兰花害虫，多在水湿过重又不通风时发生，幼虫呈白色粉粒状，成虫形成介壳，防治困难。

[2] 行干　花梗拔高。

[3] 霖　久雨不止。

[4] 花膏　兰花花柄和花梗交接处的透明膏状物，蕙兰和建兰尤为常见。《二如亭群芳谱》：凡兰皆有一滴露珠在花蕊间，谓之兰膏，不啻沆瀣，多取则损花。

[5] **大排铃** 自小排铃（小花蕾呈竖直状紧贴花梗）后，蕙花花蕾和花柄远离花梗向外横向展开，使花柄近水平排列。

[6] **含葩** 含苞待放。原书为"舍葩"，当为笔误，故改"舍"为"含"。

[7] **变武** 改变姿态，形不够规整（拗挢），色变昏（灰暗）。

[8] **痰吐** 古人以口中含痰未吐的情景喻兰蕙花苞初绽时，包衣裂开，瓣肉外露的形象。

[9] **硬捧心** 兰蕙花朵内宫二花瓣（捧心）因雄性化程度过强，致使瓣端肉质变硬的形态。

[10] **挢** 同"拗"，弯曲。

[11] **牙茉莉簪** 古时用象牙制作插于妇女头上的髻簪，因尾部用翡翠、玉石加工成茉莉花苞形状而故名。

[12] **熨贴** 同"熨帖"，舒服，贴切，原意用熨斗烫服装使其平挺，文中言因兰蕙花瓣弯曲，经人工矫正而显得平整自然。

[13] **屈抑** 弯曲和压制。

[14] **故态复萌** 老样子又逐渐恢复。旧日不好的形象再次表现出来。

　　清朝嘉庆年间（1796—1820），余姚有位兰客叫张应位，他以买卖兰花为生，专门收买佳种异品，经自己采用余姚法精心栽培后再行出卖，当时他的栽培技艺可谓尽善尽美。清道光年间（1821—1850）又有一位余姚人，是《泰号酒店》的老板徐汉三，他一生尽其经济所能收集兰蕙异品，能鉴别花品，掌握精到的培护方法，时人夸赞他是养兰能手。然而经过研究他们的栽培方法，实在觉得并没有什么了不起的诀窍，无非是能顺应兰花的本性去做罢了。

　　兰蕙叶上及根旁生有大如菜子的白点，称名白虱（介壳虫）。这是因盆泥潮时晒了太阳和环境不够通风所致白虱衍生，必须用小竹片把它们刮净，如长期任其不断繁衍，势必要损伤叶株，急须把病草盆移放通风处，并要多次检查白虱，随见随灭，才能使兰蕙得以安全。长白虱还有另一原因，那就是兰株栽植过深，须随时发现随时翻盆重新浅栽，并除净白虱。

　　保护老盆口花的方法：冬季盆泥要几分带湿，使来年花梗能长高一些；蕙（兰）则从小花苞出壳到排铃时，如果让它晒太阳，原来一般地说，每盆兰蕙有植株五筒（株），秋时如起花苞过多，可选最壮大的一个留下，以供日后开花赏玩，其余一概摘去，不要因可惜之心而将它们留下，如果那样必定要分散营养，直接损害所留的那个壮大花苞的开品。（春）兰开花二十天应剪去，蕙（兰）待顶上一朵花开后过七天也应全梗剪去。至于兰根、兰叶，要多通风才能免受伤害。

　　绿色花会变成赤色花，素心花的绿舌会变成白舌；蕙（兰）花梗正在伸长的时候，最好把它放在和暖无风的地方，以防花梗被风折，同时从出排铃开始就要避雨，因雨会把"花膏"淋去，以致伤失了蕙花的力（营养不足）；蕙花进入大排铃阶段，放花在即，此时盆土以偏干为好，因为盆土潮湿，会使开出的花有落肩之病，并且在这含苞欲吐的时候，也不可搬出室外去接受夜露，因露水会使花的姿态变成拗挢不整，失去了淡雅的韵致。

　　如花开得不够称心，可以做一些矫正工作，在花苞开放到"痰吐"之（外三瓣端部初开）时，如见里边（中宫）是硬捧心，则可轻轻把它们拆开，使成"分窠"，同时将唇瓣（舌）往外拨出，这样当花放足时，便可见到端正的好开品了；如果花苞本来就是软捧，你就不要随便去乱动它了，任由它自然开放，因花质地细嫩，稍动手就会留下伤痕。春兰花开放时如见落肩，可用细竹丝两根，各将一端用小刀劈开一小叉，再垫些油纸将它作为支撑物，一边各一个往上撑住左右两侧萼，并将高度超过一字水平线，使两边花萼如飞肩一样，经过四至五天后，就可撤去支撑物小竹叉，那原是落肩之花俨然成了平肩。遇有蕙花落肩，虽说也可以用这"撑"的办法，但因花的数量太多，难以一朵朵地去做。实在也是无济于事；遇有花开拗捔，可先待其长足，然后用象牙茉莉簪挟住萼瓣，细心矫正，使之平直，如唇瓣（舌）拗捔，也可用象牙茉莉簪在热水中浸过使热，然后趁热在唇瓣根基部一烫熨，能使唇瓣立即端正。

　　然而真正花品素质高的称心好花，开品上不会差到哪里，它是不需要借助人来帮忙的，因它们本来就具有天地所赋予的丽质，至于那些本身并不是太优秀的，即使有人工加以帮助矫正，但过不多久还是会原形毕露的。

《兰言述略》卷二

种　类

【一】

　　兰蕙出四川、广西、湖南、湖北、江西、安徽、浙江，别省无出，惟日本亦有。客有携兰数本至者，余闻往观之，其花大似荷花形，开于谷雨[1]之前，色既不艳，味亦不香，叶虽阔而软，惟瓣与肉[2]尚润而厚，种之花叶亦尚茂盛。至[3]蕙之一种，未知出处，不知从何采来。

　　现今苏州、上海类集之新花，兰系严州[4]、富阳，花大色俏者佳；诸暨、广德[5]中等；奉化小次，下等。蕙系处州[6]所出，叶与蕊极大，然其花至[7]开却甚大，惜乎好花无出；至龙游所出，虽叶中而不过大，名大山头，其花多出细种[8]；诸暨所出，名中山头，花头不大，是中等；新昌出者，名小山头，花虽次而小，然有细种出者，亦大佳。其蕊隔年所生，在伏秋[9]出土，立秋[10]后起，霜降后止。

初出土有尖硬壳对抱者，谓之"鸡嘴"。层层总包细蕊者，谓之"大衣壳"。鳞次含盖细蕊者，谓之"小衣壳"。细蕊渐透，谓之"出壳"。蕙干挺足[11]，花蕊离干，累如贯珠者，谓之"排铃"。短干横出，花心向外，谓之"转柁"[12]。梗上细茎，谓之"簪"，一名"短脚[13]"。簪底一点如露，谓之"膏"。大瓣交搭，下露舌根，旁露捧心，谓之"凤眼"。花背谓之"上搭"[14]，花胸[15]谓之"下搭"[16]，上搭深则花瓣必阔而有兜，且不落肩，亦名前后搭。至痰吐后放其大瓣者，谓之"外三瓣"，小瓣谓之"捧心"，中谓"鼻"，鼻下为"舌"。

兰开于春分前，一干一花，有一干而开两花者，亦奇。蕙开于立夏前，一干九与十一花者必佳，五七花者平常，十七花者必劣，二十余花者更劣。要之择乎中庸，毋过不及[17]，斯为佳尔。

兰蕊衣壳贵薄，筋粗透顶[18]者，出荷花；绿壳或白壳绿筋者，出素；赤壳者或有出素，特万中之一，不易得也。如有"沙"[19]有"晕"[20]，可望梅、仙，沙如杏毛，浑如浓烟重雾，至渐长复观蕊顶，色壳绿者，必是梅瓣、水仙。至其蕊短时无沙晕，至长时顶色壳不绿，决非梅仙。衣壳壳顶二三层绿，是淡银红出身最佳，如银红壳者鲜有佳色。青麻绿色壳、花光黛黑者又次之。

注释

[1] **谷雨** 农历二十四节气中的三月中气，在每年公历4月19日、20日或21日，以太阳到达黄经30°为准。春季最后一个节气，意味着寒潮天气基本结束，气温回升加快。

[2] **瓣与肉** 指兰花外轮三萼瓣及内轮二捧瓣。

[3] **至** 至于，另外。

[4] **严州** 旧严州府，位于浙江西部钱塘江流域，属浙西中山丘陵区。清时隶属浙江省金衢严道，府治建德，辖建德、寿昌、桐庐、分水、淳安、遂安六县。

[5] **广德** 旧广德州，时属安徽省，隶徽宁池太广道及皖南道，辖广阳（今广德县）、建平（今郎溪县）两县。在安徽省东南部，邻接浙江、江苏二省。

[6] **处州** 即处州府，浙江省丽水市的古称，时辖丽水、缙云、遂昌、龙泉、云和、松阳、景宁、青田、庆元、宣平十县。

[7] **至** 极，最。

[8] **细种** 符合瓣型要求的佳花总称，亦称"细花"，与之相反的则称"行花""粗花"。

[9] **伏秋** 立秋过后，伏天尚未结束的这段时期。

[10] **立秋** 农历二十四节气的七月节令，在每年公历8月7日、8日或9日，

以太阳到达黄经135°为准。秋季第一个节气，意味着秋季开始，暑去凉来。

[11] **挺足** （花梗）向上生长到极点。原书为"抱足"，《第一香笔记》为"蕙干挺足"，当为笔误，故改之。

[12] **转柁** 大排铃后，蕙花花柄继续向外伸展并开始扭转，花蕾随之转动，使主瓣转为伞盖状，三大瓣逐渐张开，又称转茎、转宕。"柁"同"舵"，本义指舟尾部一种木制船具，摆动起来可以使舟改变方向。原书为"转挖"，《第一香笔记》为"谓之转柁"，当为笔误，故改为之。

[13] **短脚** 原书为"短底"，词义不合语境，可能受下句"簪底一点……"影响抄错，据《第一香笔记》中"干上细茎谓之簪，又谓短脚"，故改之。

[14] **上搭** 即侧瓣盖主瓣。

[15] **胸** 接受，包裹。原书为"脑"，查《第一香笔记》"花胸谓之下搭，上搭深则……"当为笔误，故改为"胸"。

[16] **下搭** 即主瓣盖侧瓣。原书为"上搭"，接下句有"下搭深者"，与《第一香笔记》不符，疑为两词错位，故更换之。

[17] **毋过不及** 不多不少，恰到好处。语出《中庸》：中庸者，不偏不倚，无过不及而平常之理也。

[18] **筋粗透顶** 指花苞包壳（鞘壳）上的条条筋纹形要粗凸，且各条壳筋都要从根部直通顶尖。

[19] **沙** 指花苞的衣壳上似有点点细微如桃杏幼果上可见的毛状物。

[20] **晕** 指花苞的衣壳上有密集似云雾状深色微细点。

今译

兰蕙生长在我国的四川、广西、湖南、湖北、江西、安徽、浙江等省份的大山里，别省则少见。国外仅知日本也有，曾有兰客带来过几盆日本兰，我也曾赶去观赏过，只见那花，朵朵都形大且"荷"，放花在谷雨节之前，但它们不仅颜色不够清纯而且没有香气，叶形虽较宽阔但质地柔软，只有花外瓣与二捧瓣肉质还比较润而厚，植株也栽培得较为繁盛，确实是属于蕙（兰）但不知它的生活习性，也不知兰客是从什么地方所采得。

现今苏州、上海等地收集来的那些新花，（春）兰多来自浙江的建德、富阳，其花型大，颜色佳；浙江诸暨和安徽广德所出的兰，档次中等；浙江奉化所出的兰，型小，档次再要稍次。蕙（兰）出自浙江的遂昌、缙云、丽水等地，植株和花型虽然极大，可惜从来没有遇到过好花；至于浙江龙游所出的蕙，株型虽属中等，但多有佳种出山，古来称名为"大山头"（最好）；浙江诸暨所出之蕙，花型不够大，档次中等称名为"中山头"（中等）；浙江新昌所出的蕙，名为"小山头"花品虽然较次，花型又小，但那些山里多有细花（瓣型花）下山，也可说是很不错的。蕙（兰）的花苞，是由前一年所长植株的芦头边分生孕育，在阴历立秋过后，伏天尚未结束之时就钻出土面，具体时间是从立秋开始到霜降为止。

蕙（兰）花苞初出土后，见鞘壳（苞壳）顶部有尖硬包衣对抱的，这就叫作"鸡嘴"（形象肖似）；花苞鞘（苞）壳一层层紧包所有小花苞的，称"大衣壳"；里面一片接一片，上下有序地包着一个个小花苞（蕊头）的，称"小衣壳"。小花苞渐渐从大衣壳透出，称为"出壳"；连着小花苞的条条短梗（簪、短脚）此时仍紧贴着大梗，但小花苞（蕊头）却已先脱离开了大梗，这状态称为"排铃"（小排铃）；短梗带着小花苞向左右前后四面横伸，称为"转柁"；短梗与大花梗相连处下方有一点透明如露的黏液，称"兰膏"。花萼三瓣交搭一起，下面空处露出唇瓣根部，两旁狭缝处露出二捧，这就称"凤眼"。两侧萼瓣正面前端部盖抱主萼背面，称"上搭"；主萼瓣正面盖住两侧萼背面，称"下搭"。如下搭程度又紧又多，称为"前后搭"，开出花来三萼瓣定然宽而有兜如勺、不会落肩。花苞初放，犹人张口，伸开的三萼瓣，称"外三瓣"；里边两小瓣称"捧心"；中间的蕊柱称鼻，鼻的下方之唇瓣称舌。

（春）兰开花在春分节前，通常是一干一花，也有一干开二花的，但显得较少；蕙（兰）花开在立夏前，一梗数量以九朵或十一朵为佳，一梗五朵、七朵的为平常，一梗开十七朵的必差，一梗开二十余朵的，那就更差了。总以守正不偏之道为好，不可追求多而不及其余，这才是最好的取舍！

（春）兰花苞包壳（包衣）以质薄为贵，外衣壳筋纹粗而透顶的，出荷型花；花苞外衣是全绿壳或白壳绿筋的，出素心花，也有花苞外包衣是赤壳能出素心的（麻壳素），但这种几率只有万分之一，不易得到！如果花苞外衣壳上有明显又浓重的"沙"和"晕"，则可望出梅瓣型或水仙瓣型花品；至于（春）兰花苞中那些不但形短，而且外包衣上又不见沙晕的，可在花苞发育变长以后，再观察它们顶端的外包衣颜色，如果壳色不是绿的，定然就不是"梅"或"仙"，如果见顶端包衣外壳虽是淡红，但里壳却一层比一层的鲜绿，这就叫"淡银红出身"，会出最佳的"梅""仙"（注：宋梅就是这一类型的代表）。如果说整个花苞里外层包衣都是淡红壳色的会出好花，那一直以来还没有人见过！如果绿色花苞的外包壳上带有青色（蓝绿色）的筋麻，开出的花，色必稍感暗绿不鲜（黛绿色），花品档位属次之。

【二】

其兰蕊顶形有九，特拈出之。

【一】莲子形

三瓣有肉裹尖[1]，而重白头[2]，边紧，周围、下部相称者，开大舌梅瓣。若满蕊俱白，其色皎艳，开性迟懈[3]。

【二】花生肉形

蕊形上小中大，篰筋细糯[4]，开大舌水仙。

【三】机梭形

蕊形尖而边似紧，簳筋粗粳，开硬；锋长，小如意舌梅瓣。

【四】橄榄形

蕊形上小下大，簳筋细糯，开小舌水仙。

【五】瓜锤形

蕊形裹尖，而下部敛小，簳粳硬者，开分头合背梅，或开三瓣一鼻头之类。筋绿细糯，下部开大，多开佳种。

【六】圆灯壳形

蕊形圆稳，簳筋细糯，其中通窍[5]者，开秾角梅瓣。

【七】净瓶口形

三瓣尖略向上，簳筋细糯，其色皎艳，开大秾水仙。

【八】石榴口形

三瓣尖翻向上，簳筋粗挺，其色皎艳，开武秾水仙。

【九】龙眼形

蕊形结实圆足[6]，或上下相无簳者，内如无锋，开时只荷花之类。

[1]　**有肉裹尖**　花苞衣壳已经开裂，能看到端部（尖）的瓣肉互相紧裹。

[2]　**重白头**　重：极为明显；白头：指瓣肉端部有白边。

[3]　**开性迟懈**　犹花有迟开的性状。

[4]　**箨筋细糯**　箨：花苞最里层的那张衣壳，俗称贴肉包衣；筋：壳上的条条筋纹；细糯：质地细腻而润泽。

[5]　**通窍**　上下贯通。指壳上筋纹从基部直伸到顶部。

[6]　**结实圆足**　指花苞的形状圆整，衣壳包裹得紧而实。

　　（春）兰的花苞即将绽放，前端包衣已经开裂，露出了里边的瓣肉（外三瓣顶部），所谓花苞头形，指的就是这般舒瓣绽放前的形象特征，不同的头形特征，与花品有着必然的联系，可作为鉴别花品的重要依据。前人把它们分为九种不同头型，今一一介绍于下：

①莲子形
能看到三瓣相互紧裹，各瓣尖端露出明显的白边，若整个苞形短圆相称如莲子，可望开大舌梅瓣型花；如三瓣都有整齐的白边，衣壳由外向内层层变得艳丽，必是佳品花，但花开得会比同类别花较为滞后。

②花生肉形
整个苞形为上端小，中部变大，如贴肉包衣筋纹细糯，能够开大舌水仙瓣型花。

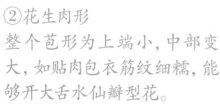

③机梭形

花苞形尖，露出的三瓣上能见到紧边的特征，如贴肉包衣筋纹粗硬，花的捧心必硬（雄性化较强），常开小舌水仙瓣型花；如果贴肉包衣锋（前端）长，则可开小如意舌梅瓣型花。

④橄榄形

整个花苞形状上下两端小，中间圆鼓，尖端部钝，肖似橄榄果，如贴肉包衣质糯筋纹细，则开小舌水仙瓣型花。

⑤瓜锤形

花苞三瓣端部相互紧抱，渐至下部紧收变小，如贴肉包衣筋纹硬，则可能开"分头合背"半硬捧梅瓣花，也可能开"三瓣一鼻头"的硬捧梅瓣花，如果贴肉包衣质糯筋细，下部阔而大的，则多会有佳种开出。

⑥圆灯壳形

花苞形状端圆，贴肉包衣质糯筋细，如果衣壳筋纹能上下贯通，达顶通梢的，则可开秋角梅瓣型花。

⑦净瓶口形
三瓣尖端微翘,如果贴肉包衣质
糯筋细,包衣由外向内一层比一
层的艳丽,则能开大花型的皱角
水仙。

⑧石榴口形
三瓣尖上翘,贴肉包衣
质糯筋纹粗而直伸顶尖
端,包衣壳色由外向里
逐层艳丽,可开武皱水
仙型花。

⑨龙眼形
花苞形状结实圆整,细察这类
花苞上下,均无贴肉包衣,包衣
层层若无锋头,花必开荷花型
之类。

【三】

蕙衣壳须厚，瓣形如超，均起兜，色润泽光明者谓"有水色"，可望佳种，然总以细腻为主。梅瓣、水仙，若壳薄而小衣壳不起兜者，无佳种可望也。蕙出素花，亦不论壳色，惟深绿者居多。

白转绿壳、淡绿白壳、深绿、淡青、竹叶青、竹根青、粉青、绿赤壳、白赤壳、大银红、青麻绿壳、荷花色、深紫壳、猪肝赤壳，以上数壳，形尖绿而有白者，可望"梅""仙"；壳尖赤而有绿，须有沙晕，亦有可望者；有沙无晕，则绝望矣。惟素多出绿壳尖或白壳尖中，赤者少有。小蕊至赤衣壳，见蕊尖起白头者，定属梅瓣、水仙，且多佳品。蕊尖无白头者，绝非梅瓣、水仙。

今译

蕙（兰）花苞的大衣壳必须质厚，瓣形若超宽超大，片片都紧边如勺，外壳颜色浅淡，向内则层层细腻明丽，润泽有光，俗称为"有水色"，这样的大花苞，有望出佳种。梅瓣或水仙瓣，如果大衣壳质薄，包裹蕊头的小衣壳又平而无兜，那就没有出佳种的希望了。如不同壳色春兰能出素心花，蕙兰也是一样，但以深绿色外壳出素花的居多。

至于白转绿壳，淡青壳，淡绿壳，绿赤壳，荷花色壳，青麻绿壳，竹根青壳，白壳，白赤壳，粉青壳，猪肝红壳，竹叶青壳，深绿壳，大银红壳，深紫壳等多种壳色花苞，尖端总须色绿，并有白头，才有望出"梅"或"仙"。如果花苞上部大包衣色泽是暗红中带绿的，而且具有"沙晕"，这也可望能出好花。如果只有"沙"，而没有"晕"，那就不会出好花，只能失望了。素心蕙兰多出在绿壳尖和白壳尖花苞中，至于赤壳尖能出素花的几率，更是低得少有，不过蕙兰在大花苞内发育中往往多变，所以审大花苞只可算作是初选，难作确切的判断。

【四】

花瓣至小排铃，须形有五门，分八式列左：

一、**巧种**[1]门

（1）蜈蚣钳

上顶梅，潘绿梅，程梅，万和梅。开紧边、厚肉气[2]，合硬[3]，小舌梅者居多；分窠，大舌仙者少；软者即分窠，大舌梅。此推上品之第一。

（2）大平切

大一品仙，前上海梅，元字仙。开平边[4]、厚肉气，分窠，大舌者居多；合硬，小舌者少，梅、仙皆出。此推上品之第二。

（3）小平切

袁氏仙，通祥仙，小塘字仙，大陈字仙。开平边、长身，分窠，大舌者居多；合硬，小舌者少，多出仙种。此推上品之第三。

（4）瓜子口

开宽边，文秫[5]，出仙者居多，出梅者少。此推上品之第四。

二、秕角[6]门

（5）石榴头

开宽边，武秕[7]，飞捧[8]，方缺舌，梅与仙皆出。此推上品之第五。

三、官种[9]门（又名滑口）

（6）杏仁形

开宽边，蒲扇捧，春兰舌，是为水仙。此推上品之第六。

四、瘫放[10]门

（7）油灰块

先见捧心，油灰块者，捧心是也；再外三瓣，开卷边，秕角。所谓瘫放者，卷边是也。捧全合、硬者居多，分头夹背、无舌者亦有。秕硬，小舌者少，其名曰"三瓣一鼻头"，梅仙中最劣之品也。

五、行花[11]门

（8）尖头形

金峨荷素、花核荷素。蕙中开梅仙之外，尽属此形。出身[12]好者，开至荷花，否则，无名粗花而已。

[1] **巧种** 指兰蕙花朵二捧上有"白头"或"白边",并有较深的"捧兜"等特征。

[2] **紧边、厚肉气** 紧边:蕙花三萼瓣端部边缘上折紧收,起凹如勺;厚肉:外三瓣及二捧质地厚实细糯;气:形态,神色。

[3] **合硬** 合背硬捧。

[4] **平边** 蕙花外三瓣平整而无兜状。

[5] **宽边,文皳** 三萼瓣端宽阔,但稍有不平正,即微有秡角。皳:不平正。

[6] **皳角** 此类花朵三萼瓣皱翘而不平正。

[7] **宽边,武皳** 三萼瓣端宽阔,但皱翘的程度大。

[8] **飞捧** 指蕙花秡角花的二花瓣(捧)向前俯翻(抙)状。

[9] **官种** 二捧瓣有"白边"和"浅兜",俗称滑口水仙。

[10] **瘟放** 蕙花花苞绽放后球结如块状。瘟:瘟痹(肢体残疾)。

[11] **行(háng)花** 即无瓣型的普通花,又称"粗花"。

[12] **出身** 出生,产地。

对于蕙（兰）花品的判断须到小排铃时，才可依据小花苞（蕊头）"五门八式"形状，细细地来作鉴别。

① 蜈蚣钳

蕙花排铃后，蕊头上可见两侧萼（捧），瓣尖内弯相对，如蜈蚣的镰刀状口器，故名。此类头形，以开三瓣紧边厚肉，分头合背的半硬捧和小舌形的梅瓣花居多，开二捧分窠的大舌"水仙"花居少。若二捧雄性化程度合适，则可开分窠的大舌梅瓣。典型品种有'上顶梅''潘绿梅''程梅''万和梅'等品被推为第一。

② 大平切

蕙花排铃后，蕊头顶部平而不尖，似刀削过一般，故名。此种蕊形所开的花，三萼瓣肉质厚，瓣较长，边较平，但二捧瓣大都能分窠，互不粘连，有与整体相称的大舌者居多，合背硬捧小舌者少。这类蕊头，有出"梅"或"水仙"的，花品被推为第二。典型品种有'大一品仙''前上海梅'（'老上海梅'）'元字仙'等。

③小平切

蕙花排铃后，蕊头顶部亦似切平，但与大平切相比，程度显得要少些，由此而称小平切。此类蕊形的花，往往三萼瓣长脚圆头，二捧软而分窠，大舌的居多，合背硬捧，小舌者为少，花品被推为第三。典型品种有'袁氏仙''通祥仙''小塘字仙''大陈字仙'。

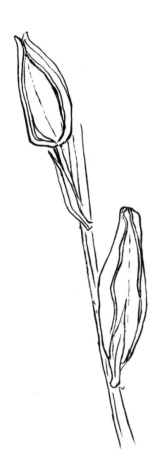

④瓜子口

蕙花排铃后，蕊头形似前端开裂的瓜子而称名，花朵绽放后，以三萼瓣宽阔微翘的"水仙"居多，出"梅"的为少。花品被推为第四，以'丁小荷'为典型品种。

⑤石榴头

蕙花排铃后，蕊头三萼瓣顶部略向外翻，形肖似石榴的头而故名。花绽放后，三萼瓣宽阔翘飘，二捧敞开如飞状(俗称猫耳捧)，方缺舌，"梅"与"仙"都有出，花品被推为第五。

⑥杏仁形

蕙花排铃后，蕊头形状短阔，形似杏仁，多开阔瓣蒲扇捧的"水仙"，花品被推为第六。典型品种有'老蜂巧''朵云'等。

⑦油灰块

蕙花绽放时，见二捧瓣因
雄性化强而粘连成黄白色
块状物，称为瘫痹，(俗称
三瓣一鼻头)。这类花绽放
后，三萼瓣呈卷边秕角，捧
瓣与鼻(蕊柱)粘连如拳，
唇(舌)瓣尖而小，也有无
唇瓣的，以开全合硬捧花
居多，也有开分头夹背无舌
的，而以开秕硬小舌的较
少，它们都是"梅""仙"中
的最劣之品，花品被推为第
七。典型品种是'拳头梅'。

⑧尖头形

这类花的蕊头，细长而
尖，二捧瓣无白边、白
头，非"梅"非"仙"。
极少有因素心花品而称
为"荷形素"的，如'金
岙荷素''花核荷素'。
但它们中的极大多数均
为无名"粗花"，又称
为"行花""毛笔头"。

【五】

兰蕙梗长，方有好花。细而短者，在蕙中或有好花，然亦仅见。至兰则竟无好花，故以细长者为佳。

蕙之关系[1]，全在吐痰[2]后放瓣前，无外见之相而出好花，真非意料所及矣。

兰产阳山者，蕊[3]生阴面；产阴山者，蕊生阳面，阴阳相反，方有好花。叶尖起沟，兜到梢者最佳。梅种之叶性硬，仙种之叶性懦[4]，素种之叶性硬。

根在盆中贵长，不长则不佳；新花根白能活，根黑乃受冻，如轻亦可活，如空即不救。

凡兰蕙有外见之相[5]者，必出佳蕊，不致失望。惟求上品，则百中之一耳。

注释

[1] 关系　关键时候。

[2] 吐痰　蕙花转柁大排铃后，外三瓣稍许张开蕊头呈嘴状，舌瓣略微伸出如口中之痰即将吐出。春兰也会出现这个放花过程。

[3] 蕊　蕊头，又称小花苞，蕊米。

[4] 懦　柔软。

[5] 外见之相　外表可以观察到具备好花的特征。

不论是兰是蕙，花梗都需长，才能选出好花品来。花梗又细又短的，在蕙（兰）中也许能选出较好的花品，然而也只能是仅见而已。但对于（春）兰而言，可说是绝对不会有好花。所以总以花梗细长的为好。

鉴别蕙（兰）花品最为关键的时候，是在花刚打开，但大瓣（萼）尚未开足以前，即花如人啜口吐痰的样子之时，如果这个时候还不能明显见到好花的那些特征，而当开大以后居然会是好花，这真不是意料所能及的！

长在阳山的兰，花苞必生在阴面；长于阴山的兰，花苞必生在阳面，具有这种相反特征的兰蕙，才有出好花的希望。叶尖起兜，叶沟能从根部直深到顶端，这就是看叶的特征可作为辨别佳花的一个依据。相比较而言，梅瓣品种的叶质要硬些，水仙品种的叶质较软（懦）些，素心种的叶质也显得比较硬。

兰蕙的根生长在盆里，总以长的为好。如根不够长，那就说明植株生长得不够好。新花以白根最富活力，根成褐色，是说明它们已受过冻，如根色褐得不太深，那也是可以种活的，但如果已成为空壳根，那就不可能再救活了。

不论是兰是蕙的花苞，如果具有佳花的外相特征者，必然能开出较好的花品，总不至于会到让人失望的程度；但如果是想得到上品一流的佳品异花，那也只存有百分之一的希望了！

培 养

【一】

泥之佳者，用余姚北门外四十里燕窝岭，色如黑棕，性松轻而沥水[1]，此为第一。富阳石牛山泥，色黑者为最，性同，亦轻松沥水之佳。常熟虞山子游[2]夫子[3]坟泥，有土朱砂，色淡白黄者，性松而微嫌燥。江浙山泥，色淡黄黑者可用，择其性松轻沥水者为佳，黄色者太结重实，种之必结死。平地坭[4]性腻[5]，种之花不发。泥性咸者，种之有伤，最宜忌之。

根洗净后，阴风[6]吹干。见芦头有高低者，如大棵，分开种；如少则不能分开，歪种[7]，取勿深为是。为深，轻则不发，重则逐步至烂，故种深须即翻浅。其白根愈长愈妙，如未烂，切勿剪。龙头上大掺[8]，隔年所生，待钻[9]出土后即变叶。

种兰顶泥须高于芦者一分，种蕙顶泥高于芦者一二分，如种之过深，久雨后必起白虱，须随时翻浅以防之。盆底用瓦合艾[10]，加漂净生炭屑，垫收潮气。

先铺一层，再加细泥着根，不可空松，空松则不得力，根叶必烂。盖面将细泥堆成馒头式顶，余姚泥及富阳泥皆可种高盆面，因其泥之性润而易生青苔。至子游泥则性燥而不生青苔，故宜种平顶。下衬圆囵[11]瓦，务购新者，旧瓦恐有猫溺[12]。新瓦须浸入淡水缸内半年，始可取用，漂炭法[13]亦然。

坑砂[14]用时，用水漂至两月，取出晒干，研极细末方可用。然必无病之叶始可用，至如中小叶，虽则无病，亦以不用为妙。即极发之叶[15]，用时小盆只可一钱[16]，大盆只可五钱，多则有害。每逢春间翻盆之时，用泥拌和，离根种之。如用坑砂，单换新泥种后，至小暑无病者，用三年后宿粪[17]，拼之极淡[18]，浓则有害。小暑到白露，俟盆泥不热，雨前浇至三次。如无雨，每清晨用水浇透。他法不合用，用必有伤。

注释

[1] 沥水 水分慢慢地渗出，不易积水，即排水性好。原书为"滴水"，疑为音误，改为"沥水"。《第一香笔记》：栽种须用干细子游泥，根与盆口平，上盖细泥高出盆口二三寸，取其沥水。

[2] 子游 （前506—）姓言，名偃，字子游，亦称"言游""叔氏"，春秋末吴国人，孔子著名弟子，与子夏、子张齐名，"孔门十哲"之一，位列文学科第一，曾为武城宰。他学成南归，在虞山等地设坛讲学，倡导以礼

乐为教，史称"道启东南""文开吴会"。子游去世后，葬在吴地，现在江苏常熟虞山有言子墓。原书为"子后"，疑为错字，改为"子游"。

[3] 夫子　旧时对学者的尊称。

[4] 坭　同"泥"，旧时指遇水即化的泥土。

[5] 腻　黏，黏糊。

[6] 阴风　凉爽的风。

[7] 歪种　翻盆重种时，为便于发苗，新苗芦头竖直放盆的当中，使得老苗芦头靠边歪斜。

[8] 掺（xiān）　形容女子手的纤美，文中喻指新芽白嫩润泽。

[9] 钻　穿过。原书为"攒"，疑为笔误，应为"鑽"，故改为"钻"。

[10] 用瓦合艾　铺上艾草，再盖上瓦片。艾：艾草，菊科蒿属植物，多年生草本或略成半灌木状，植株有浓烈香气，可用来驱虫杀虫。

[11] 囫囵　完整、整个。

[12] 溺　人或动物排泄的小便，同"尿"。

[13] 漂炭法　指出窑的新炭火气重，须经清水里浸漂后再可使用。

[14] 坑砂　久积于粪坑壁上的灰白色结晶物，古时作药，称"人中白"，具有清热降火，止血化瘀之功效。

[15] 极发之叶　特别健壮的植株。

[16] 一钱　约为3.72克。清时量制，1斤=16两=160钱=595克。

[17] 宿粪　沤熟多年的陈粪。

[18] 拼之极淡　犹要加许多清水把浓度稀释得极低。拼：肥料加水稀释。

适合兰蕙生长的泥土，以余姚燕窝岭泥为最好，色棕黑、质轻、排水保水性均为良好；另有富阳石牛山泥，以色黑的最适宜兰生长，土壤质地轻而疏松、保水、排水性亦好。常熟虞山的子游坟泥，土色有朱砂色和带浅黄的，土质虽疏松，但土壤干得过快，保水性显得较差。江浙的山泥通常色为淡黄，须选择土色黑的可以用来栽兰，以质轻、疏松、排水透气性好的为上；土色黄的质地板结，排水、透气性能均不好，若用来栽兰，必因土壤板结，兰根透气不舒而死。平地上的普通泥，土质太黏稠，透气排水性能不佳，栽兰难发；还有带碱性的泥（如近海边的盐碱沙土），若用来栽兰，必致兰以莫大的伤害，为大忌！

　　栽兰应先把根洗净、晾干，如见新老草之间假鳞茎生长位置有高低，若草壮大，数量多，可扯成几块分栽；若株草不多，不能分株，则可将兰株斜种（新株草在上，老株草在下，斜侧置放）。同时必须强调浅栽，若因深种，轻的说，苗株不能起发，重的说，会致兰根逐渐腐烂。所以要劝说深种的人，你们必须对深栽的那些盆苗立即翻盆，重新浅种。

　　无论兰根、蕙根，都需把根种成白色，白根长得越多体现出你的养功越妙，只要根没有烂，就不要随便把它们剪掉。前龙壮草上分生出的隔年新芽，这样的壮芽先天因素必足，一旦出了土，很快就会长成新的壮株。

　　盆栽的兰株，盆面顶泥必须高过假鳞茎一分左右；种蕙株的盆面泥，则应高过假鳞茎一至二分。如果种得过深，在遇天气长雨时，株上必定会寄生起介壳虫，必须随时翻浅加以防备（编译者按：此说法值得商榷，拟可将深种的盆面泥去掉一些，不就等于浅种？翻盆不可频繁）。

　　先用艾蒿垫铺好盆底排水孔，然后用瓦片盖叠上面，再加上洗净后无粉末的小炭粒，因炭粒有吸收潮气，存储水分的作用。再在炭层上加细泥，使泥土与根能紧密接合，如果根和泥脱空，根就不能充足地吸收到水分和养料，久之必造成空根和植株的衰败萎蔫。做盆面要用细泥堆成馒头式圆顶，余姚泥和富阳泥都可以用，因这些泥保水性好，不易快干，上面易生青苔有保湿作用。至于子游坟的泥，土壤保水性较差，青苔相当难生，不适合做馒头形盆面，故盆面以做成平面较为合适。

栽培兰蕙务要买瓦质新盆，因旧盆长期堆放户外恐沾有猫尿，但新瓦盆需在淡水缸里浸过半年之久，以去除火气，盆内所垫木炭同样须多日经水漂洗，目的也是为了去除火气。

用坑砂作肥使用前，先要将坑砂在清水里漂洗两个月，以去除浊气，再取出晒干后研成极细粉末，用来作兰肥，用坑砂作兰肥，须选择无病兰株才可施用。至于那些中草、小草，虽然没病，也还是不用为好，即使是十分壮大的苗株，在使用时仍须谨慎，小盆只能撒放一钱，大盆最多也只能撒放五钱，再要多放，必会致害。每到春间翻盆之时，可用泥拌和坑砂细末，然后可把这"坑砂泥"分放到近根而不直接接触根的地方。如果种时是用新泥栽培并放过坑砂的植株，需要从春时种后一直观察到小暑，确定植株是无病的，可用经三年沤熟后的陈年粪便加水稀释成极淡肥液，不可过浓，过浓则有害。自农历小暑到白露之时，选雨前，趁盆土尚未晒热，可间隔浇灌上述淡肥水一至三次，施肥后如果遇不上下雨，则应在每天清晨用清水浇透盆土。至于其他方法，都不适用，如果用了，必会使兰株受到伤害。

【二】

盆宜用圆者，口宜畅而底宜深，鼎足式或白釉色，取其雅也，紫砂即俗，白胎无釉者可栽小本。至新盆，虽云火气太重不合用，然尽用无妨。或种草花一二年，或置水中一年，亦可脱火气，此格外讲究之法也。花有向背[1]，故用圆盆取其四方可观，若杂色有花者，

《兰言述略》卷二

七七

用之欠雅。至若方盆，有反正歪斜之忌，亦不合用。

盆面高一二三寸者不一，宜铺蜈蚣草[2]满盆，以免大雨冲摊[3]馒头顶之虞。其草生久必厚，宜随时剪之，取其平薄，则花根易于生发。盆若未经栽草，而自出青苔[4]亦佳，总须傍植"细心草"[5]，以观干湿。

水用天水最妙，如无天水，以淡河水代之，忌用井水。盆架须长，空心排妙[6]。用水盆，中合钵，杜蚁蛭[7]也。其架通行高二尺五寸余者，以位置之高低定之。

遮烈日须定做阔缝芦帘，分稀紧二种。缝阔取其阳重，如花圃遮芝兰之一种。太紧不合用，若布幔无缝，亦嫌太阴，轻则烂叶，重则全盘皆伤。

花房须南向平屋，南首之门全开，即透风见阳，闭时宜无风缝，有缝即将皮纸密补之，不使有一空隙。瓦底须芦席铺之，石灰糊好。背开一门，取天热时可通风，东西皆须墙壁。

如遇大风，其叶将棕扎之，可无吹折之虞。护断叶须用竹丝圈、棕丝扎，不时更换重扎，可数载不伤。

[1] 向背　由花的背面审视。

[2] 蜈蚣草　即翠云草，卷柏科卷柏属多年生草本，是理想的兰花盆面覆盖材料。《兰蕙同心录》：或用翠茵草，即蜈蚣草，滋蔓满盆。

[3] 冲摊　即冲坍，水流过急使得高处的泥土倒塌。原书为"冲滩"，当为笔误。

[4] 青苔　泛指苔藓类植物，最为常见的是"葫芦藓"，多生于阴湿的墙脚林下或树干等阴凉湿润的地方。

[5] 细心草　茎叶纤细的小草。

[6] 空心排妙　最好能用空心的竹竿做成排架。原书为"空心排抄"，令人费解，"抄"字疑制版时抄写错误，改为"妙"字合乎文义。

[7] 蚁蛭（zhì）　蚂蚁做窝，即蚁冢。蛭：通"垤（dié）"，蚂蚁做窝时堆在洞口的小土堆。清顾祖禹《读史方舆纪要》"望之如蚁蛭，俗名五虎岭"。

栽兰以用底较深的口大圆盆为最好，另有盆底如香炉足的或涂白釉的盆子，那是考虑到视觉上的雅观，若采用紫砂盆来栽，似乎显得有点俗气，白瓷泥不上釉的盆子则可用来种小型草，至于用新盆栽兰，虽说盆的火气重，但实际上使用起来，却是并无大碍，如若考虑到谨慎起见，先可种上点别的花草，待种过一二年后再用来栽兰，或者把新盆放在清水里浸上一年后再用，盆中火气应该退尽了！这样做当然是因为对栽兰用盆的格外讲究。

兰花开放有正面、背面、侧面等的不同方向，因此盆形最好采用圆的，这样四面都能够观赏到，还有一类是盆身涂杂色釉或是盆上有彩绘的，用来栽兰实在欠雅。至于用方盆栽，存在着反、正、侧、斜等视觉弊病，所以方盆也并不适合栽兰。

盆面泥土做成的馒头形，各家也不一致，有高出盆面一寸或二寸的，也有高出三寸的。泥面最好铺种上蜈蚣草，这样可防在大雨时不会冲掉顶上泥土，但此草繁殖极快，当须随时用剪刀删除一部分，使之又平又薄，既雅观又可避免护面草与兰争夺养料，有利于兰根的生发。表土如不种护面草，也会自长苔藓，同样也能起到保护作用。但是最好还是种上如蜈蚣草之类的"细心草"，可观察到盆泥干湿的情况。

浇兰蕙用水，最好是"天落水"，如没有天落水，淡河水也可以，却不能用井水。放置兰盆的架子要开动脑筋精心设计和制作，尽可能使其完美至善至臻，架子上面先放水盆，水盆中倒扣一只小瓦盆，瓦盆上再放兰花。这样可杜绝蚂蚁、蚯蚓蛞蝓和蜗牛等害虫到花盆里为害。盆架的具体尺寸大都以二尺半高为标准，可根据实际条件作些变动。

要遮烈日，须定制芦帘，帘分疏密两种，疏的可较多接受光照，如果兰房所栽以春蕙兰一类为主，那太密的芦帘就不太合适了。如果用一块大布来替代芦帘遮阳，上面全然无一条缝，阳光透射过少，后果轻者，致兰烂叶，重者，则全都严重受损。

花房要选朝南的平屋，把南面的门全部打开，这样便可透风并接受阳光，闭门时，不能留有缝隙，如发现有缝隙，要用牛皮纸粘补好。屋顶木椽上先铺一层芦帘，再盖好瓦片，然后用石灰抹住横梁与椽柱间留着的一个个洞孔。在北面还要开个门，天热气温高时可作通风之用。至东西两边，就都是墙壁。

　　兰蕙株叶，要用棕丝扎缚起来，这样在如遇有大风时，可免受风吹叶折的后患。至于说到保护已被吹折的兰叶，就须用竹丝作圈固定，再用棕丝扎好断叶，这种轻扎的棕丝竹圈，可时常更换或重扎，能保护兰草好几年。

《兰言述略》卷三

名 贵

兰蕙历来名种不一，其贵者可屈指录之。

【一】兰

绿梅素

（一）萧山梅素

外三瓣紧边结圆，肩平，捧心合硬分窠[1]，大如意舌，色俏，干长。乾隆时出，萧山[2]蔡姓有此种。庚申浙江遭兵灾后种类断绝，迩时[3]贩佣将咸丰时宁波所出，亦是绿梅素者代之。外三瓣长细如线，肩平，捧心硬如油灰块[4]，穿腮，舌有根而无尖，丑劣，不如蔡梅远甚，识者皆不取，目下甚多。

（一）萧山梅素

（二）玉梅

五瓣短圆分窠，小式[5]，平边，短捧，白舌，腮边微有粉红之色，干短而细，肩平。康熙间出绍兴，刻尚多，今又名白舌梅。

（三）韩公寺梅

三瓣圆，紧边如小核桃片，鸡豆壳捧心，大刘海舌，平肩。道光十余年出枫泾陈姓，咸丰初年此种绝。

（四）头贵梅

五瓣着根结圆[6]，大圆舌，边极紧[7]，只开一半如罄口[8]，细干，平肩。嘉庆时出杭州，咸丰庚申遂绝。

（五）秦梅

五瓣短圆紧边，如意舌，细干，平肩。嘉庆中出嘉善，今绝。

（六）青钱梅

五瓣着根起圆，平边，软捧[9]，大圆舌，平肩。顺治间出苏城，今绝。

(二)玉梅

（三）韓公祠梅

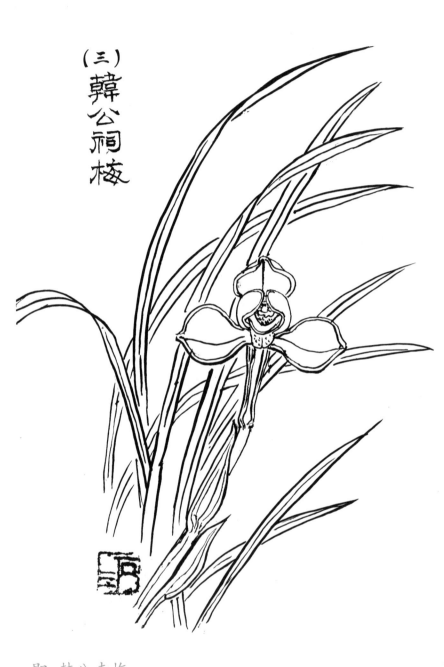

即：韩公寺梅

（四）頭貴梅

（五）秦梅

（六）青錢梅

（七）红梅

五瓣结圆，外三瓣有红丝九根，紧边，平肩，铺舌，细干。道光时出苏州，早绝。

（八）宋锦旋梅

五瓣极紧边、极圆，有尖峰，刘海舌，细干，平肩，色俏。乾隆时出绍兴宋锦旋，目下尚多。

（九）大金钱梅

色俏，三瓣极大，结圆平边如钱，肩平，猫耳捧[10]心，篸筋[11]，圆舌，干细长，花性极早，立春[12]时即开。道光间出富阳，刻虽有，甚少。

（十）翠钱梅

五瓣脱筋[13]，分窠，结圆紧边，鸡豆捧心，大刘海舌，舌内一点红色，极俏，干细长。同治五年出上海。

（十一）第一梅

五瓣短圆，小式，平边[14]，如意舌，细干微落肩[15]。道光时出余姚徐岭湖，目下尚多。

（十二）武一品梅

色俏，脱筋，外瓣短圆，身厚飘，鸡豆壳捧心，大刘海舌，飞肩，细长干。雍正时出杭州，目下尚有。

（七）紅梅

（八）宋梅

即：宋锦旋梅

（九）大金錢梅

（十）翠钱梅

（十一）第一梅

（十二）武一品梅

（十三）小打梅

长脚圆短，半硬捧[16]，紧边，圆舌，细长干，落肩。道光时出苏州，买客争打，故名小打，今尚多。

（十四）陈雪梅

五瓣短圆，俯蕊[17]，紧边，如意舌，细干，平肩。道光时出奉化，已绝。

（十五）梁梅

其开有二样，长脚圆头[18]，半硬捧，如意舌，五峰俱全，为上；开三瓣短圆，分头夹背，赤色[19]，次之。道光时出徐汉三家，今已绝。

（十六）代梅

虽梅，花小而赤色[20]，所奇一干二花，惜乎高低，有时亦一朵。道光时出宁波，迩年尚有。

（十七）赵怪梅

五瓣分窠，肩平，长干。道光时出苏州花窖[21]内，赵姓所得，至复花，开梅时多，开仙时少，因为逐年不同，故名赵怪，至咸丰庚申后绝。

赤水仙

（十八）春一品仙

外三瓣头尖、放角、细脚[22]，平肩，深软分窠观

（十三）小打梅

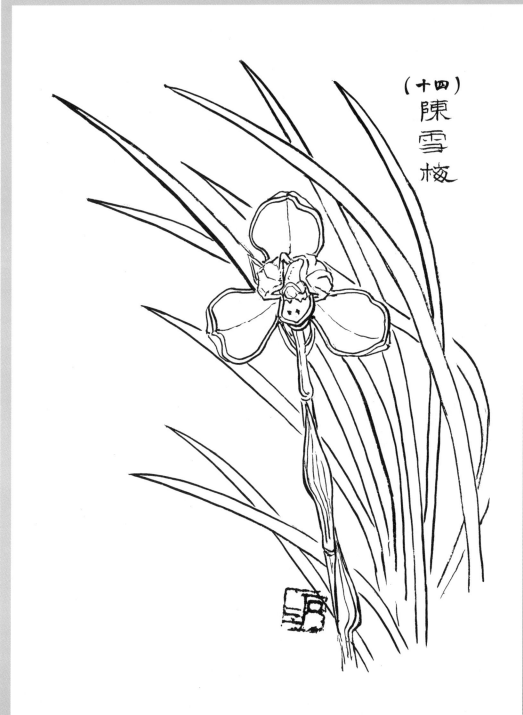

（十四）

陳雪核

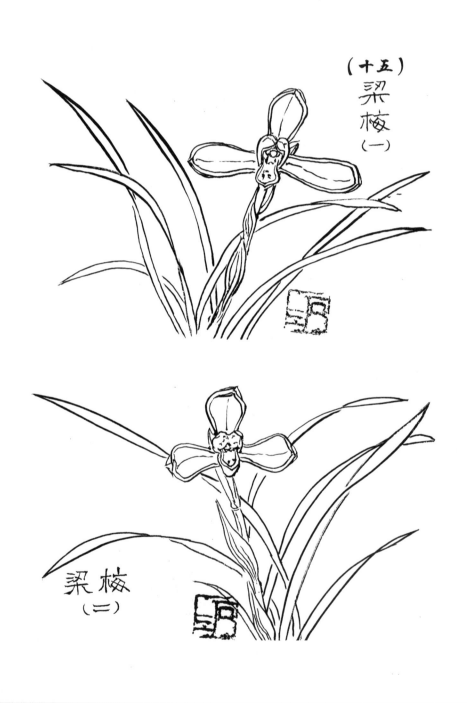

（十五）

梁梅（一）

梁梅（二）

（十六）代梅

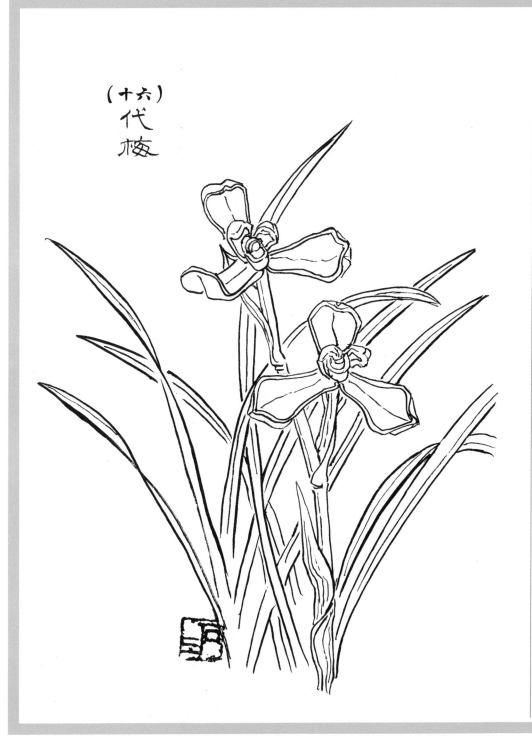

（十七）

趙怪梅

（十八）春一品仙

音兜捧、大刘海舌均极大，色亦俏，梗长。同治丙寅出上海，近今惟余有。再有一种亦名春一品，花大、赤色，出于次年，亦在上海。

（十九）集圆仙

外三瓣圆大，捧心略小，观音兜分窠，小刘海舌，色带昏[23]。咸丰初年出余姚，易于种养，且多。

（二十）龙字仙

大荷花，紧边，观音兜分窠捧，大铺舌[24]，细长干，平肩。嘉庆时出余姚高庙山，又名姚一色，刻下尚多。

（二十一）汪字仙

长脚，圆头，短捧，紧边，大圆舌，平肩。康熙时出奉化汪克明家，刻尚多。

绿素心

（二十二）大雪荷素

三瓣收脚，角侧捧心[25]，紧边，细干，一字肩。乾隆时出绍兴周文团，一名文团，惟余有之。

（二十三）文团荷素

三瓣收脚放角，捧剪刀形，干细，肩初平，开足后即落。道光时出苏州花窖中，一名新文团，刻尚多。

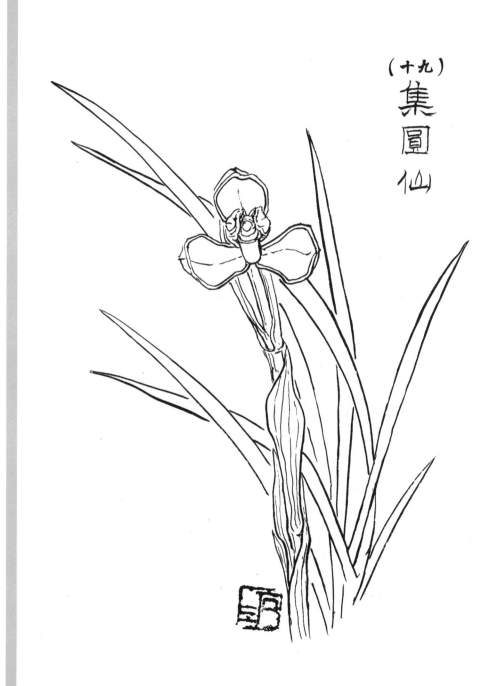

（十九）集圓仙

（二十）

龍字仙

（二十一）
汪字

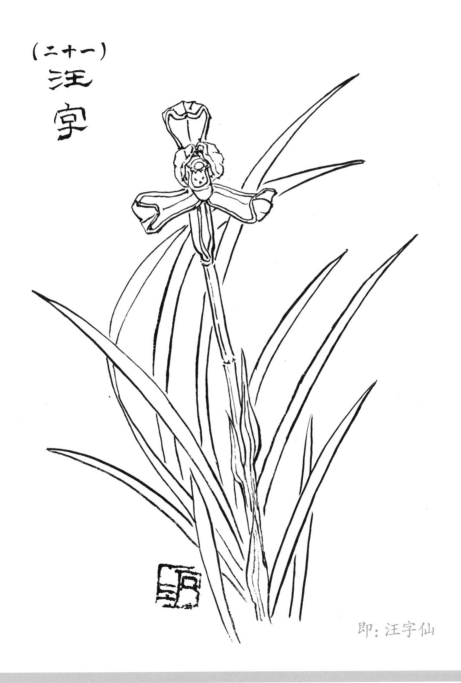

即：汪字仙

（二十二）大雪荷素

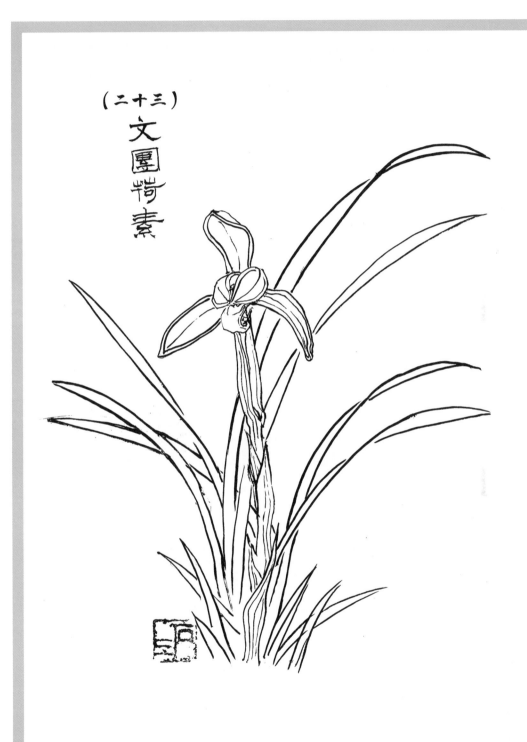

（二十三）

文团荷素

（二十四）窨荷素

三瓣收脚放角，侧舟捧心[26]，短干，落肩。嘉庆时出苏州花窨，为余姚史勉斋所得，早绝。

（二十五）和尚荷素

三瓣放角，阔脚[27]，蚌壳捧，五瓣俱有白筋，铺舌，细干，大落肩。嘉庆时出杭州，今甚多。

（二十六）常熟素

三瓣收放，长脚，肩平，蚌壳捧，其色油绿，舌白，干长。光绪元年出常熟，今春常熟张雨生携至沪。

（二十七）金山荷素

三瓣长阔，蚌壳捧，大落肩。乾隆时出镇江金山寺，今甚少。

赤素心

（二十八）石堰荷素

赤壳，小荷花式[28]，薄肉气，铺舌，细干，落肩。咸丰时出石堰[29]李北堂，一名金柄玉如意。

注释

[1] **捧心合硬分窠** 兰花内二瓣（捧）因雄性化较强，致二捧合生成为"分头合背"的分窠半硬捧。合硬：捧心背部粘连；分窠：二捧头部及底部仍

分开。

[2] 萧山　地名，位于浙江北部、杭州湾南岸，即今浙江省杭州市萧山区，清朝时称萧山县，属绍兴府。

[3] 迩时　近段时间。

[4] 捧心硬如油灰块　兰花因雄性化极强，引起内宫的二瓣、蕊柱和唇瓣互相合生成一个肉疙瘩，俗称"油灰块"又称"三瓣一鼻头"。

[5] 小式　花型较小。

[6] 着根结圆　着根：外三瓣及二捧基部收细变窄；结圆：即外三瓣的端部呈圆弧状。

[7] 边极紧　指兰花三萼瓣的前端部边缘，上翻收拢如匙状。

[8] 罄口　即罄口蜡梅，蜡梅的一种，花瓣钝圆，交搭起兜，色深黄，心紫色或素心。罄：古同"磬"。宋·范成大《范村梅谱》：蜡梅本非梅类，以其与梅同时，香又相近，色酷似蜜蜡，故名蜡梅。凡三种，以子种出不经接，花小香淡，其品最下，俗谓之狗蝇梅；经接，花疏，虽盛开，花常半含，名罄口梅，言似僧罄之口也；最先开，色深黄如紫檀，花密香秾，名檀香梅，此品最佳。

[9] 软捧　原书无"捧"字。

[10] 猫耳捧　捧瓣前端短圆，向外上翻，状似猫耳。

[11] 箨筋　兰花花苞最里一张衣壳（贴肉包衣）上面筋纹清楚，是判别好品种的重要依据。

[12] 立春　农历二十四节气中的正月或腊月节令，在每年公历2月3日、4日或5日，以太阳到达黄经315°为准，春季的第一个节气。

[13] 五瓣脱筋　犹兰花外三瓣和内二捧正背面上的色净绿，没有红筋或红斑点。

[14] 平边　原书作"平肩"。

[15] 微落肩　原书作"微肩"。

[16] 半硬捧　指兰花内二瓣前端部虽分开，中部却合生一起，称"分头合背"半硬捧。

[17] 俯蕊　兰花由于花梗长得高，致使开出的花有居高临下的俯视之势。

[18] 长脚圆头　兰花三萼瓣（或二捧瓣）前端部呈圆弧状，基部收细变长，故称。

[19] 亦色　原书作"壳色"。

[20] 亦色　原书作"次色"。

[21] 花窖　旧时专门经营兰花买卖的作坊。

[22] 细脚　犹三萼瓣前端宽大（阔），随后即向基部紧收得又短又细。

[23] 色带昏　言兰花绿颜色纯度不够高，绿中带有淡淡的灰暗，业内人称"色昏"，也有人称"色老"。

[24] 大铺舌　舌形圆大，但因较长而稍向前倾斜挂落，给人的感受是气势磅礴，能在荷型花中见到。

[25] 角侧捧心　指兰花内二瓣（捧）不平行相对，而是向内歪斜成角。

[26] 侧舟捧心　比喻兰花的长形蚌壳捧，形似两条斜侧相对竖放的船，组合而成。

[27] 阔脚　兰花三萼瓣基部仍相当宽大，缺少收根变窄的特征。

[28] 赤壳，小荷花式　精致的紫红包壳小型荷瓣花，例如翠盖荷。

[29] 石堰　今浙江省慈溪市横河镇石堰村，清朝时归余姚县管辖。

（二十四）

窨嵀素

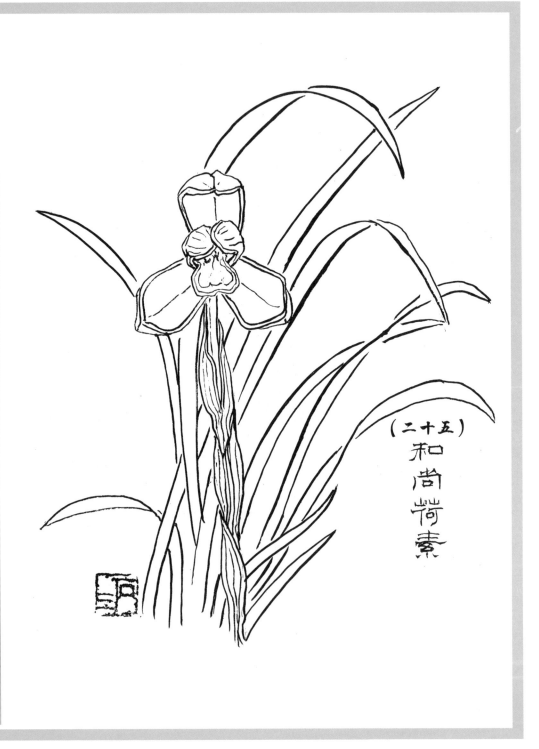

（二十五）
和尚嵛素

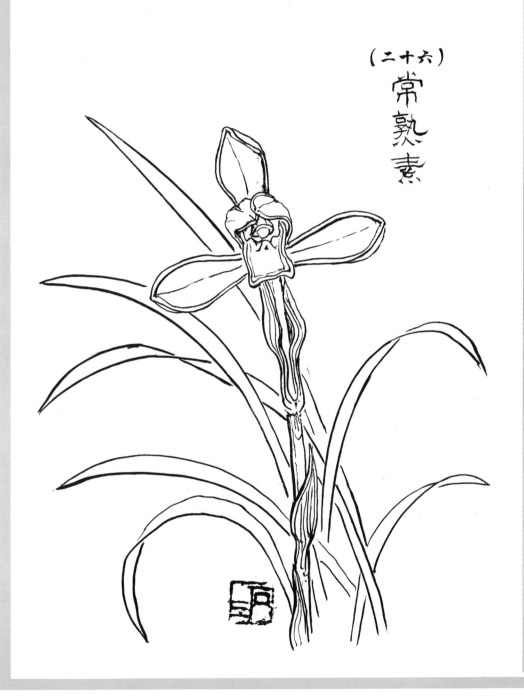

（二十六）

常熟素

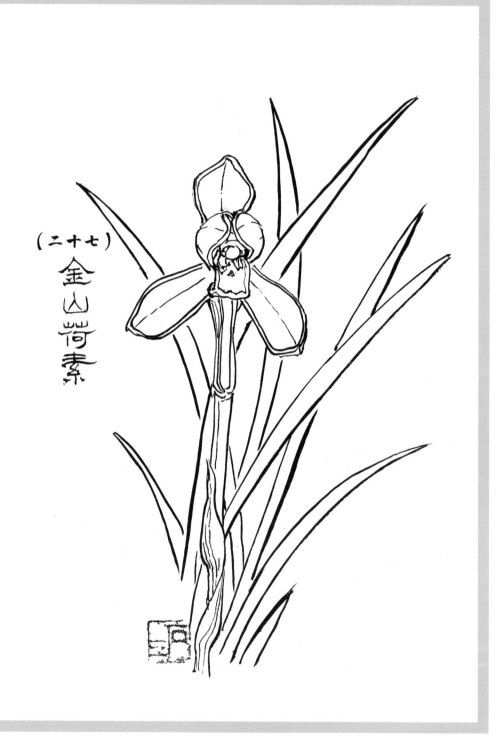

（二十七）金山荷素

（二十八）石堰荷素

【二】蕙

金水仙

（一）万氏金仙

绿壳，大荷花，形阔而短，细脚，平肩，鸡豆壳半硬捧[1]，色如南瓜花，大刘海舌，细干。乾隆时出常熟万姓，嘉庆时绝。此蕙中之无出其右[2]也。

绿金荷花

（二）阁落荷

三瓣收脚放角，如蚌壳捧，大铺舌，细干，平肩。嘉庆时出苏州，早绝。

（三）丁小荷

小荷花式，剪刀捧心如金，平肩，拖舌，咸丰时出丁姓，同治丁卯春绝。

（四）马氏金蕙

绿干，朱漆小柄[3]，色如菜花，五瓣收脚放角、紧边，金朱砂色舌[4]，细干，平肩。道光时出浒关马氏，此种早绝。

（一）葛氏金仙

（二）阁落荷

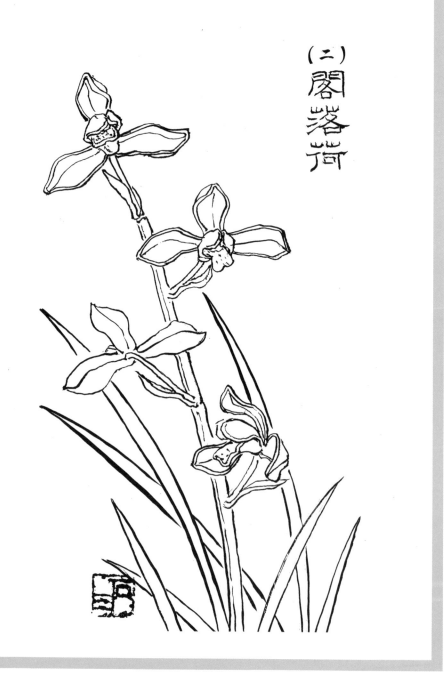

（三）丁小荷

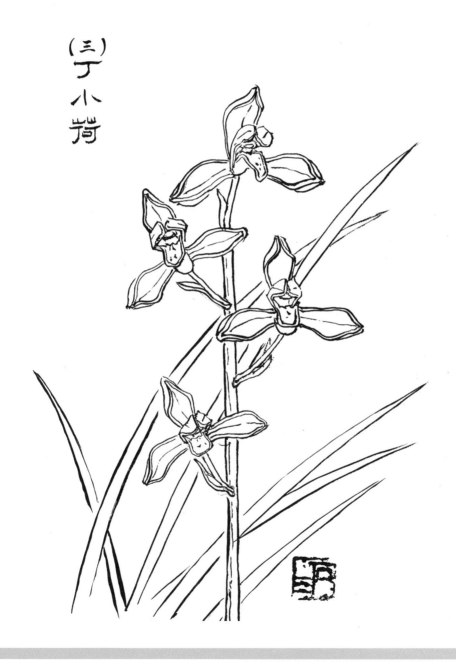

（四）馬氏金荳

（五）酒绿梅

五瓣短圆，分窠软捧心，大圆舌，细干，平肩。道光时出苏州绍兴人酒店，逾三年而种绝。

（六）仙蟾梅

五瓣短圆，分窠软捧，大柿子舌[5]，细干，平肩，其叶坚细。道光时出荡口船，售与周怡亭，此种早绝。

（七）上顶梅

外三瓣紧边、圆头、收根，大软深观音兜捧心[6]分窠，大刘海舌，飞肩，细干。同治七年出上海复兴船行，有山客[7]以粗蕙嫌[8]，出售与余。其花式如关顶，不过绿赤、小大之分，上海即出绿梅，当以为顶，故名曰"上顶"。

（八）掌珠梅

三瓣短圆，分窠，大铺舌，干细，肩平。嘉庆时出嘉兴，此种早绝。

（九）蔡字梅

五瓣短圆，分窠软观音兜捧，如意舌，细干，平肩。道光时出常熟蔡姓，早绝。

（十）四美梅

五瓣短圆，分窠小硬捧[9]，小圆舌，细干，平肩。乾隆时出浒关，早绝。

（五）洒綠梅

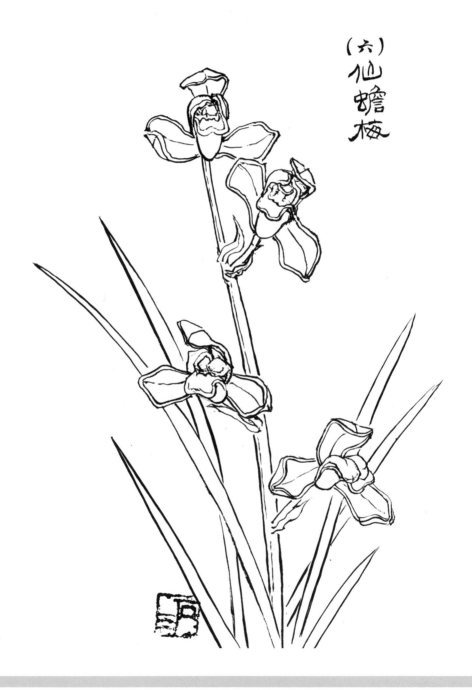

（六）仙蟾梅

（七）上頂枝

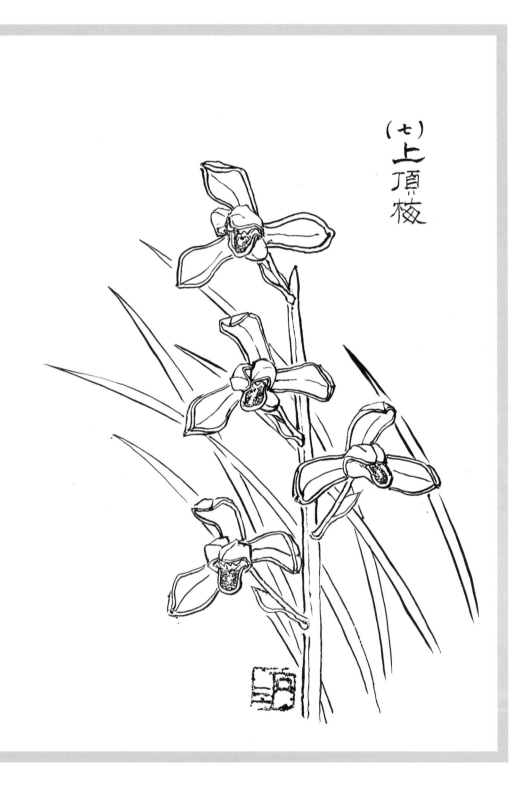

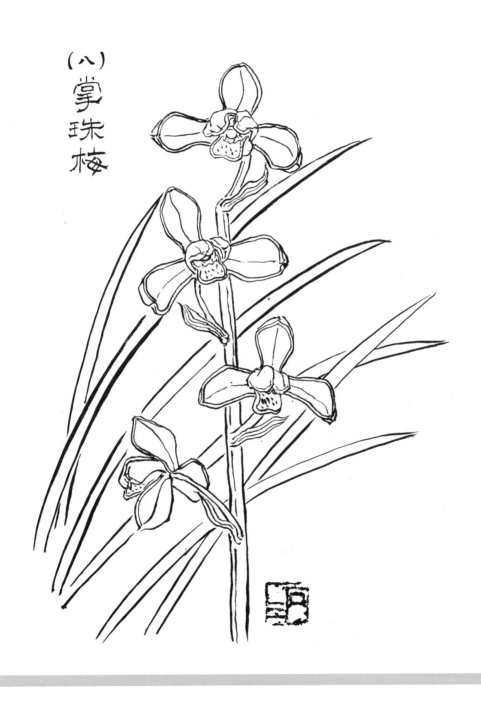

（八）掌珠梅

（九）蔡氏梅

即：蔡字梅

（十）四美梅

（十一）翠蟾梅

外三瓣短圆，捧分头夹背，小如意舌，细干，飞肩。乾隆时出宜兴尤氏，近惟绍兴朱家尚有此种。

（十二）前上海梅

外三瓣长脚圆头，捧分头夹背，舌硬秾小如意，细长干，一字肩。嘉庆时出上海，现多。

（十三）湖塘绿梅

五瓣短圆，分窠硬如意舌，细干，平肩。道光时出苏州，此种早绝。

（十四）蜂巧梅

花长脚文秾[10]，飞肩，捧如猫耳，方缺舌。康熙时出朱家角[11]市井小人家，有洞庭东山[12]金姓者，设质库[13]在彼，向买不肯，嘱贼偷出，携归洞庭，分往各处，迄惟洞庭东山朱善山家尚有。

（十五）绿六团梅

三瓣短圆，软捧，穿腮[14]，方缺舌[15]，武秾[16]，粗干，平肩。嘉庆时出苏州，久绝。

（十六）十景梅

外三瓣长脚，平肩，分窠半硬捧，如意舌，长干，每干总有一二朵行花。道光时出申江[17]面筋店丁姓，咸丰时绝。

（十一）翠蟾梅

（十二）前上海梅

（十三）
湖塘綠梅

（十四）

蜂巧梅

（十五）綠六團梅

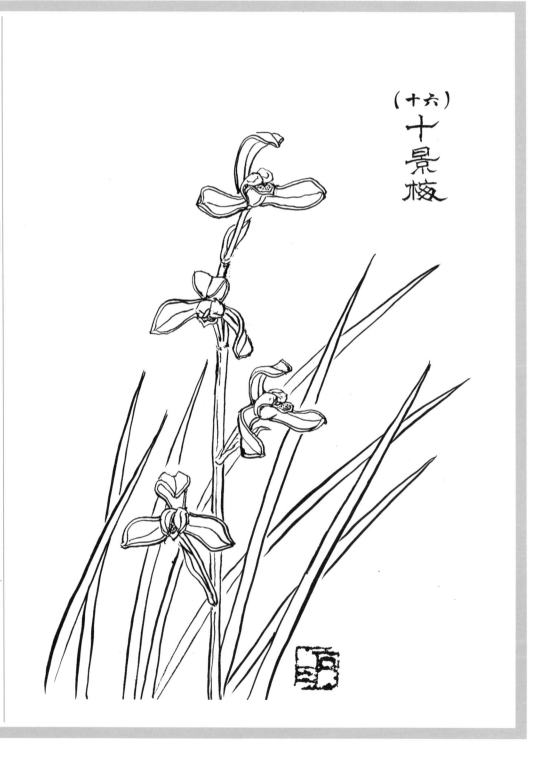

（十六）

十景梅

（十七）潘绿梅

极不肯生花，如生花，比众迟半月始放，待开花后再行翻栽，否则至小排铃干瘪。迩老种绿花四大家[18]，潘绿居小塘字仙之上。及见其花，外三瓣狭、长、秾，肩平，色黄胖，穿腮，舌有根无尖，宿在合捧油灰块内。前之声名，大约以花少之故，如见其花之劣状，必不以为然也。今录入镜，因伊声名而入，如以花论，必不许矣。乾隆时出宜兴潘氏，今亦多。

绿水仙

（十八）三槐堂仙

色俏，短脚大荷花式，一字肩，软观音兜捧，大刘海舌。道光时出上海妓家"三槐堂"家，故俗名乌龟水仙，咸丰初种绝。

（十九）大一品仙

大荷花形，五瓣分窠，大软捧，大铺舌，细干，平肩。乾隆时出嘉善[19]胡少梅，刻下甚多。

（二十）上一品仙

大荷花形，身短，分窠捧，小如意舌，细干，一字肩。咸丰时出余姚，久绝。

（十八）三槐堂仙

（十九）

大一品

（二十）上一品仙

（二十一）大朱字仙

极大阔瓣，分窠微硬捧心，大如意舌，一字肩，干细而长。乾隆时出苏州朱克柔家，道光时绝。

（二十二）萧字仙

大荷花形，有红筋，分窠观音兜捧心，大拖舌，细干，一字肩。道光时出上海萧家，此种早绝。

（二十三）袁字仙

外三瓣放角、收根、紧边，平肩，捧心分窠、软观音兜，舌大如意。同治甲戌，余得之于梁正昌粗花篓内，故名。

（二十四）小塘字仙

小荷花形，分窠捧，如意舌，肩平，干细长。道光时出西塘镇[20]，此种尚多。

（二十五）张绿仙

外三瓣放角、收根、紧边，捧心分窠、深观音兜，大如意舌。同治癸酉出苏州吴园张菊垞观察处。

（二十六）通祥仙

外三瓣放角、收根、平边，平肩，捧心分窠、半硬，舌大铺。同治壬申出张菊垞观察处。

（二十七）南翔张仙

外三瓣长脚，平肩，如意舌，鸡豆壳捧心分窠。

（二十一）大朱字仙

（二十二）

萧史仙

（二十三）

袁字仙

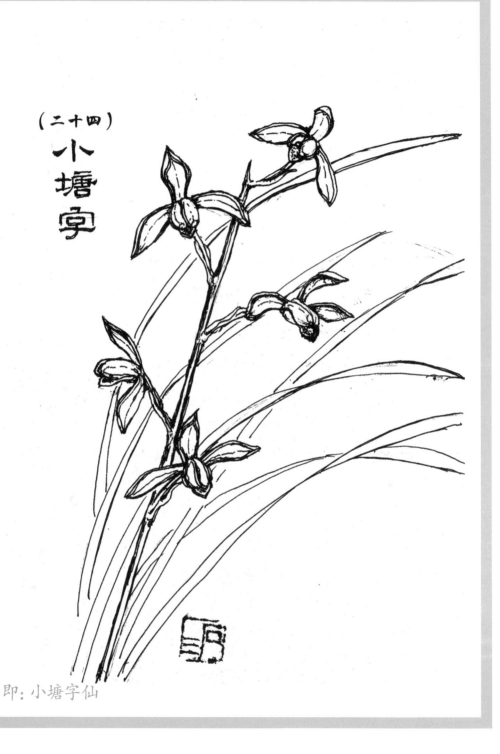

（二十四）

小塘字

即：小塘字仙

（二十五）

張禄仙

即：张绿仙

（二十六）通祥仙

（二十七）

南翔張仙

同治辛未出南翔[21]张翰林家，今为南翔茶肆主人夏丽江所得。

（二十八）荡字仙

小荷花式，蚕蛾捧，如意舌，细干，一字肩。道光时出荡口镇[22]，此种早绝。

（二十九）吴元松仙

三瓣长脚圆头，半硬捧，小如意舌，粗干，一字肩。嘉庆时出绍兴，一名绿景福，一名绍一品，此种早绝。

（三十）后上海仙

三瓣长尖、平边，半硬捧，大铺舌，细干，一字肩。道光时出上海，早绝。

（三十一）小一品仙

五瓣短尖，软捧，如意舌，细干、平肩。嘉庆时出昆山[23]，早绝。

（三十二）老绿仙

五瓣尖长，蟹箝捧，小尖舌，细干、落肩。据云，明季[24]时出绍兴，至咸丰初年绝。

（三十三）卢字仙

五瓣短尖、平边，软捧，小铺舌，细干，落肩。嘉庆时出卢姓，早绝。

（二十八）湯字仙

（二十九）

吴元松仙

（三十）後上海仙

（三十一）小一品仙

（三十二）

老綠仙

（三十三）

盧字仙

（三十四）杨字仙

柳叶瓣，平肩，捧分窠，小如意舌，细干。乾隆时出湖州，早绝。

绿素心

（三十五）金峨荷素

大荷花形，蚌捧，俏绿瓣，重绿沙[25]大卷舌，细绿梗，平肩。道光时出余姚金峨山，为褚神元[26]所得，后卖与"泰号酒店"内，一名泰素，今多。

（三十六）王明阳素

小荷花式，白瓣，白卷舌，细干，平肩。据云，国初出苏州王明阳家，同治庚申时江浙兵灾断绝。

（三十七）东方白素

小荷花式，白瓣，白卷舌，细干，一字肩，开久两腮有红光。乾隆时出上虞，早绝。

（三十八）二友素

外三瓣长脚，落肩，剪刀形捧，小卷舌。同治己巳出沪城，邑差[27]与面斤[28]店二人合得，新花所出故名"二友"，刻有。

（三十四）
楊孚仙

（三十五）
金岙荷素

即：金嶴荷素

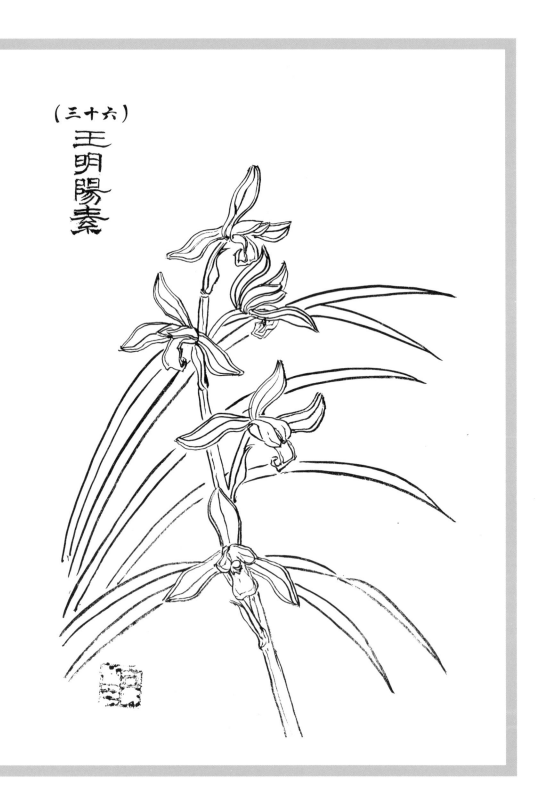

（三十六）王明陽素

（三十七）
東方白素

（三十八）

二友素

绿荷花

（三十九）奚慎甫荷

短脚大荷花式，蚌壳捧，大卷舌。咸丰时出上海奚慎甫家，即绝。

（四十）第一荷

外三瓣放角、收根、紧边，肩平，剪刀捧，大卷舌。同治甲戌出张菊垞观察处。

（四十一）木渎团荷

阔脚荷花形，剪刀捧，大卷舌。道光时出木渎[29]，早绝。

（四十二）松江大荷

外三瓣阔大，细收根，平肩，剪刀捧，大卷舌。道光时出松江[30]，今罕见。

赤梅瓣素

（四十三）剥梅瓣素

咸丰初年，魏筠谷[31]因花不开，剥开见梅素。至庚申时带至余姚，绝种。

赤水仙素

（四十四）叶封仙素

小荷花式，平边，软捧，平肩，圆舌，细干。道

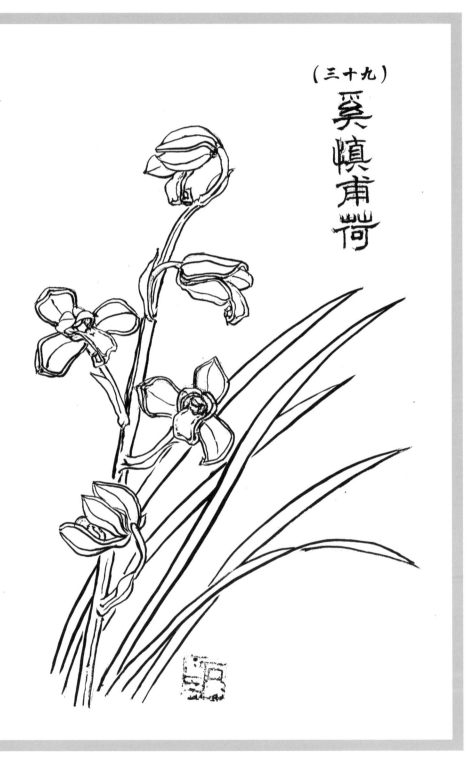

（三十九）

奚慎甫荷

（四十）第一荷

（四十一）
木瀆團荷

即：木渎团荷

（四十二）
松江大荷

（四十三）

剥梅瓣素

（四十四）
棐封仙素

光时出于罗店^[32]当叶封家，早绝。

光时出于罗店[32]当叶封家，早绝。

赤梅瓣

（四十五）玉蝶梅

五瓣短圆、分窠、紧边，软捧，刘海舌，细干，平肩。乾隆时出杭州，早绝。

（四十六）夏叶梅

外三瓣紧边圆，色俏脱筋，软观音兜分窠捧，大刘海舌，细长干。同治壬申出沪城夏瑚卿家，尚有，其叶如泰素。

（四十七）席字梅

五瓣短圆、分窠、紧边，硬捧，刘海舌，细干，平肩。乾隆时出杭州，早绝。

（四十八）五兜梅

五瓣如兜紧边，软鸡豆捧心，平肩，粗干。道光时出上海，早绝。

（四十九）常熟程梅

外三瓣色俏，圆短紧边，捧分头夹背，小如意舌，粗木干，平肩，穿腮，花开五六朵。乾隆时出常熟程氏，刻下尚有。

（五十）关顶梅

五瓣短圆，分窠青壳头捧^[33]，大圆舌，粗长干，

（四十五）

玉蝶梅

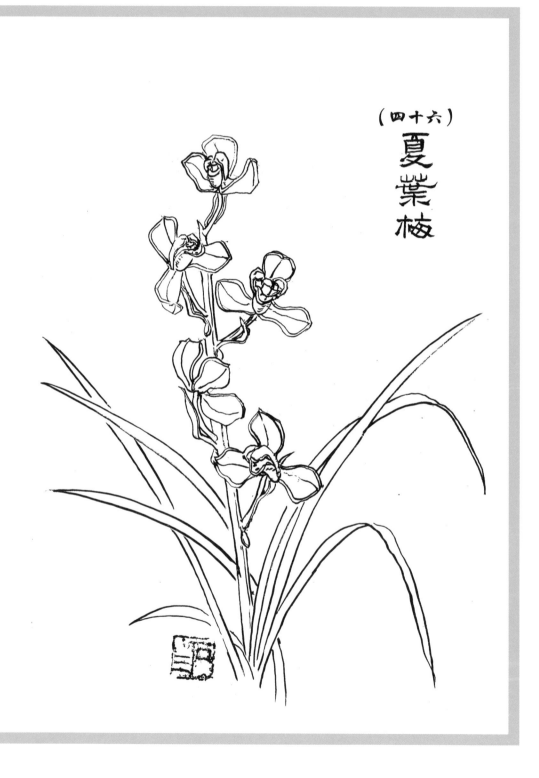

（四十六）

夏蕙梅

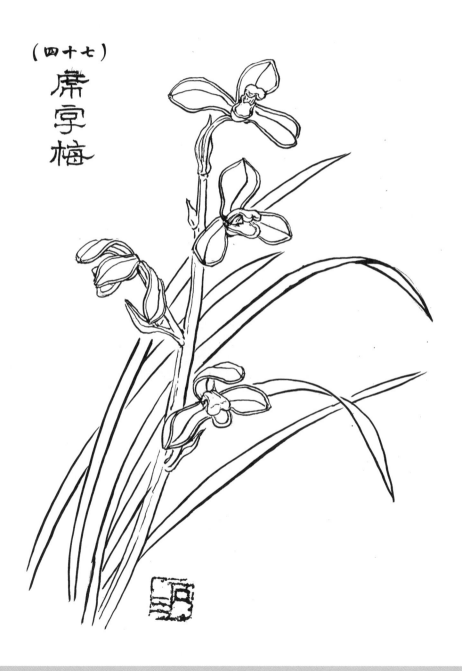

（四十七）

席亨梅

（四十八）

玉兜梅

（四十九）

程梅

即：常熟程梅

（五十）
闔頂梅

兰言述略

平肩。乾隆时出浒关^[34]"万和酒肆"中，一名万和，目下尚多。

（五十一）彩和堂梅

五瓣结圆平边，平肩，分窠软鸡豆壳捧，大柿子舌。道光时出上海彩和堂梨园，一名堂名水仙，咸丰时绝。

（五十二）高梅

五瓣短狭，分窠硬捧，粗软干，平肩。康熙间出嘉兴，刻少。

（五十三）赤六团梅

五瓣短圆分窠，宽边软捧，文秧，舌圆缺，细干平肩。嘉庆时出苏州，早绝。

（五十四）老将军梅

五瓣短圆分窠，宽边软捧，武秧，舌方缺，细干平肩。道光时出萧山，早绝。

（五十五）染字梅

外三瓣短窄，深大观音兜分窠捧心，大圆舌，细干平肩。道光时出嘉善染坊，现余姚有冲砚字。

赤水仙

（五十六）夏新水仙

极大外三瓣，放角、身短、根收，平肩，色俏脱

（五十一）彩和堂梅

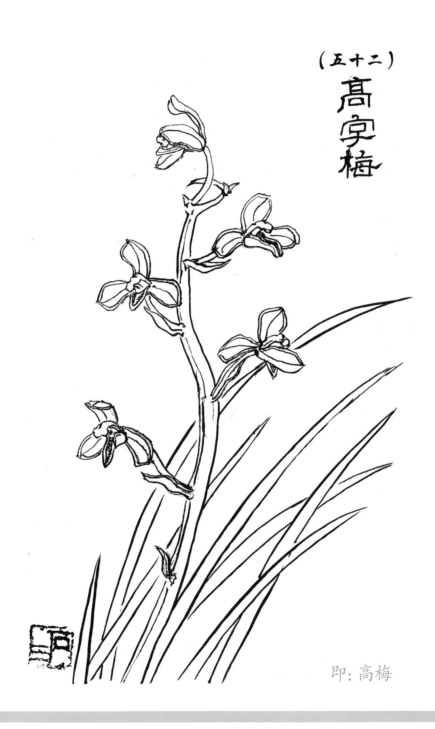

（五十二）

高字梅

即：高梅

（五十三）赤六團梅

（五十四）老将軍梅

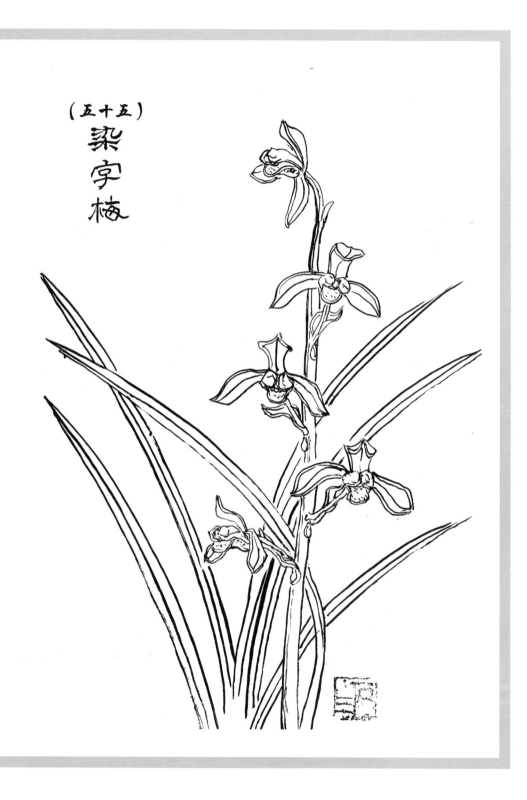

（五十五）

染字梅

（五十六）

夏新水仙

筋，捧心软深鸡豆壳分窠，舌大柿子。同治壬申出沪城夏瑚卿家，现有。

（五十七）夏老水仙

外三瓣紧边，放角收根，色俏，平肩，捧心软观音兜捧，舌大柿子。同治己巳出沪城夏瑚卿家，现有。

（五十八）元字仙

五瓣俏长，分窠，紧边，半硬捧，执圭舌，干粗长，平肩。道光时出浒关，尚多。

（五十九）大陈字仙

大荷花，落肩，捧心软浅，巧种，大柿子舌，细长干。乾隆时出嘉兴陈砚耕，又名赤砚字，目下稀少。力竭则开滑口。

（六十）荡口盖字仙

外三瓣短圆，色极俏，平边，一字肩，累祇鸡豆壳捧，大柿子舌。同治丁卯出沪之荡口船华阿盖处，尚有。

（六十一）华字仙

五瓣尖长，蟹箝捧，大柿子舌，粗干，落肩。道光时出张马桥华省三家，早绝。

（六十二）金水仙

五瓣尖长，大瓣圆舌，软捧[35]，细干，落肩。道

（五十七）

前夏享仙

即：夏老水仙

（五十八）

元字仙

（五十九）

大陳字

即：大陈字仙

（六十一）萼字仙

（六十二）金北仙

光时出绍兴金相溪家，早绝。

（六十三）江干仙

五瓣尖长、边平，青兜头捧，圆舌，粗干平肩。嘉庆间出杭州，早绝。

（六十四）星元仙

五瓣尖长、平边，蟹箝捧，落肩，小如意舌。道光时出宜兴，早绝。

（六十五）宜兴仙

五瓣短狭；宽边软捧，舌小，粗干，落肩。道光时出宜兴，早绝。

赤素心

（六十六）花核荷素

大荷花式，平肩，蚌壳捧，重绿沙舌，细干。道光时出上海卖棉花子者，故名花核素，先前常有，近少剩小叶矣。

赤荷花

（六十七）盖字大荷

极大荷花式，平肩，剪刀捧，大卷舌。道光时出常州，早绝。

（六十三）

江千仙

（六十四）

呈元仙

（六十五）

宜興仙

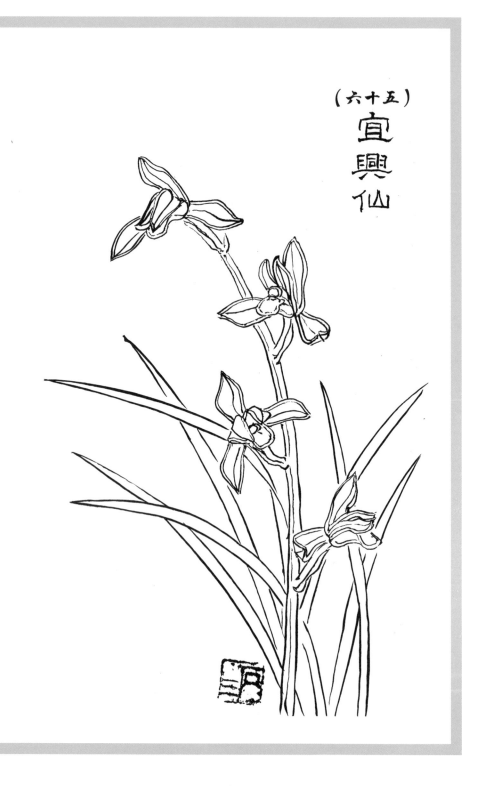

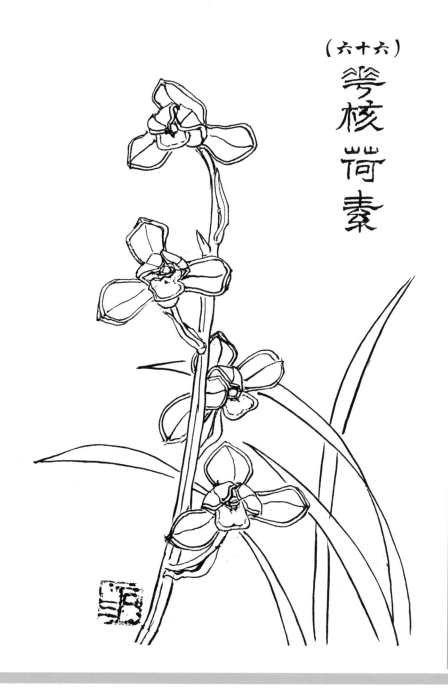

（六十六）

萼核荷素

（六十七）

盖字大荷

（六十八）洞庭山荷

极阔瓣细脚，剪刀捧，大卷舌，平肩。道光时出洞庭山，早绝。

（六十九）团子大荷

短圆瓣，肩平，剪刀捧，大卷舌。同治戊辰出宝山[36]团子村，刻下不多。

❀注释

[1] 鸡豆壳半硬捧　蕙花二捧雄性化较强，致二捧半硬状，瓣头呈鸡豆（学名鹰嘴豆）壳形。

[2] 无出其右　没有能超过他的，与天下第一相近似。右：上，古代以右为尊。

[3] 绿干，朱漆小柄　蕙兰赤转绿壳品种中，有大梗是赤色转为绿色，而短干（簄，小柄）之色仍未转净，其色如朱红漆涂过那样红亮。

[4] 金朱砂色舌　蕙花舌瓣，其色金黄。金朱：黄金和丹朱，古代贵族用以饰屋。朱指朱砂，中药名丹砂，是硫化汞的天然矿石，常夹杂雄黄、磷灰石、沥青等，大红色，有金刚光泽至金属光泽。

[5] 大柿子舌　蕙花唇瓣（舌）形圆大，端部呈弧状略凹，其形肖似柿子。

[6] 大软深观音兜捧心　即观音兜捧形大，又因雄性化弱而质软。

[7] 山客　旧时专门从事收集和经营兰花买卖的人，即兰客。

[8] 以粗蕙嫌　以：以为；粗：品差的粗花、行花；嫌：不喜欢。

[9] 小硬捧　即硬捧小型花。

[10] 长脚文破　蕙花飘门水仙三萼瓣形瘦长并前端部稍向后翻状，但从整

体看非常一致，仍不失规整。

[11] **朱家角** 即上海市青浦区朱家角镇，位于上海市西部、青浦区中南部，紧靠淀山湖风景区，2007年被评为第三批"中国历史文化名镇"。清末归江苏省青浦县管辖。

[12] **洞庭东山** 即江苏省苏州市吴中区东山镇，又称东洞庭山，俗称东山，是延伸于太湖中的一个半岛，三面环水。2010年评为"中国历史文化名镇"。清时归苏州府吴县管辖。

[13] **质库** 古代进行押物放款收息的商铺。质：典当；库：店铺。

[14] **穿腮** 蕙花唇瓣根部有一小孔，一片蕙叶可从中穿过，兰人常作为检验品种真伪的依据。

[15] **方缺舌** 蕙兰方形大唇瓣前端中部有一小缺口。

[16] **武破** 兰蕙秾角之花，三萼瓣及二捧存在较严重褶皱现象，致花不够规整。

[17] **申江** 又名春申江，系黄浦江的古称，书中借指上海。

[18] **老种绿花四大家** 古传绿花老种应为'大一品''前上海梅''潘绿梅''小塘字仙'。后人把'荡字'和'小塘字仙'归纳为同种。

[19] **嘉善** 即嘉善县，清朝时隶属嘉兴府。现位于浙江省嘉兴市东北部、江浙沪两省一市交汇处，东邻上海青浦、金山两区，南连平湖、嘉兴南湖，北靠苏州吴江。

[20] **西塘镇** 在浙江嘉善县西北，是有名的水乡古镇。据史料记载，历来民间有栽花养兰的传统，明清时期，曾有许多大兰家来此参加兰花雅集，赏兰吟诗，热闹非常。

[21] **南翔** 地名，在上海市北，罗店、宝山之西。

[22] **荡口镇** 地名，在江苏锡山市以东，自无锡至苏州、嘉善等一带，都是水乡泽国，河湖如网，船泊是古时主要交通工具，那时也常有兰客摇着船往返水路，买卖兰花。

[23] **昆山** 地名，在江苏省南部、阳澄湖以东。

[24] **明季** 明朝末期。季：末代。

[25] 重绿沙　蕙花绿色唇瓣（舌）上有密密麻麻浅绿色点状凸起物，形如沙粒，故又称绿沙苔。重：意谓多而密。

[26] 褚神元　《艺兰四说》作"褚坤先"。

[27] 邑差　古时在地方府衙里供职者。

[28] 面斤　即面筋，食品名，用面粉加水拌和，洗去其中所含的淀粉，剩下凝结成团富有黏性的混合蛋白质就是面筋。

[29] 木渎　即苏州市吴中区木渎镇，2005年9月被评为中国历史文化名镇，是一个具有2500多年历史的园林古镇。

[30] 松江　清时松江府，下辖华亭、上海等县，1958年由江苏省划归上海市。

[31] 魏筠谷　清时浙江余姚的兰家。

[32] 罗店　现上海市宝山区罗店镇，清时称罗店市，隶江苏省太仓直隶州宝山县。

[33] 青壳头捧　蕙花的一种捧形，捧瓣端部外突内含如兜，前端中筋粗壮隆起成脊状，捧端形状与青壳蚌的外壳相像。青壳蚌，学名高顶鳞皮蚌，又名狗脑壳、美带蚌，是中国特有的淡水软体动物，主要分布在安徽、浙江、江苏、江西、湖北、湖南等地。外壳前面呈类三角形，壳顶高耸与背面形成脊状，壳面呈黄绿色，幼壳多为绿色，老壳多为灰色。

[34] 浒关　地名，即江苏浒墅关，位于苏州市西北，太湖的东北，与陆墓相邻。

[35] 软捧　原书无"捧"字。

[36] 宝山　现上海市宝山区，清时称宝山县，隶江苏省太仓直隶州。

（六十八）
洞庭山荷

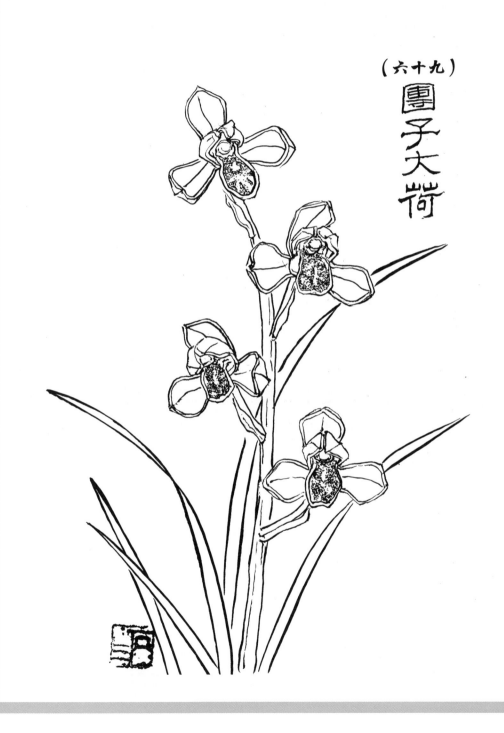

（六十九）

團子大荷

杂 说

【一】

浇水之法，盆泥发白[1]。春夏秋三时，须待太阳过后，热气退尽，用喷筒浇透。如过干，将盆置水缸内，从盆底映透[2]亦可。若日未退热未尽，浇之根即烂。冬时须上半天用木勺浇盆边，取其带干，中心[3]不至烂。

兰自冬至[4]起土[5]，雨水[6]止；蕙自大寒[7]起土，至春分止。兰之起土宜迟，蕙之起土须交春[8]后，若冬至起土者，不开居多，故须迟迟以待。力足则花早放，然亦偶有不开者。

注释

[1] 盆泥发白　因缺水，盆泥颜色由深变浅，可作为观察盆泥干湿的依据。

[2] 映透　把兰盆放进水里，让泥土吸足水分。

[3] 中心　花盆当中的兰根。

[4] 冬至　农历二十四节气中的十一月中气，在每年公历12月21、22或23

日，以太阳到达黄经270° 为准。该日北半球白昼最短、黑夜最长，日后阳气回升，天地阳气开始兴做渐强。

[5] 起土 启（起）苗。意为原来假植于室内防冻的带蕊兰蕙苗株，可以启苗分栽上盆。

[6] 雨水 农历二十四节气中的正月中气，在每年公历2月18、19或20日，以太阳到达黄经330° 为准。此时，气温回升、冰雪融化、降水增多。

[7] 大寒 农历二十四节气中的十二月中气，在每年公历1月19、20或21日，以太阳到达黄经300° 为准。

[8] 交春 即农历二十四节气中的立春。

今译

给兰蕙浇水的正确方法：须观察盆泥由深褐色已经变浅之时。在春夏秋三季里，必须等到傍晚太阳下山之后，盆中泥土温度已经降低的时候，此时可用细眼喷水筒把盆土浇透，如果遇到盆土过干时，可将兰盆直接浸水，慢慢至水被盆泥吸透。如果太阳还未落，盆中泥温还没有退去，此时若立即浇水，定会使兰株烂根。冬季给兰蕙浇水，须等至近午之时，用木勺舀水从兰盆边缘浇上一圈即可，以达到偏干的要求，可防止苗株中心叶发生腐烂。

随着寒冬的离去，暖春的近来，"假植"于暖房里带花苞的"下山新花"，要准备起苗，打算正式上盆后要让它们开花了，但兰与蕙最适宜的起苗时间是有所不同的，兰可略早，从冬至起到来年的雨水止；蕙宜略迟，从大寒起到来年春分止。总的原则是兰起土时间以迟些为好，蕙起土时间应更加迟些为好，最宜以冬尽春始之后，因为冬至前后起土带花苞的草，在重新上盆栽植过以后，绝大多数的花苞往往就不能放花，因此必须慢慢地等待它们能够放花。如果植株体内积存有足够的营养物质，它们就能早早开花。然而偶尔也有一些虽是力足的壮草，最后却还是不能开花。

【二】

芦蒲兰蕙至翻栽之时，如叶已退，将老芦头有根者割去，则不壮。盆面缩底半寸种之，七天后须放屋顶阳重处晒之，阳以多为妙，待新芽钻出，移至半阳处，晒至白露时，重翻高盆面，剔去烂根重种之，遮阳七天，移于原处至病脱。然后如法上壮，其发亦快，至开花之期，兰五年蕙七年。然非上品名花，亦不必如此久计。叶边老芦头过多，如不剪去，叶不甚发，而芦头至久亦必烂去，故须割下，另栽为妙。

盆栽的兰蕙植株，在翻盆分种的时候，发现有苗株衰退的老草，如果你把它们割去，按照常规的方法栽培，很难再生发壮草。较好的做法是在栽培时，把这些割下的带根老苗株，比原来盆面的高度约降低半市寸重新加以深种。栽后须避直射光照一周，之后即可把所栽盆子移放到屋顶阳光充足的地方，并且能让这些老草，以接受光照时间越长越好。待到新芽出土后，就要把盆搬移到半阳（减弱光照）的地方，让新芽能健康长成植株，一直到白露时就需再次脱盆，做好去除植株上烂根等的清理消毒工作，再恢复原来（升高半市寸）高度，重新上盆栽培。新苗栽好后仍需避强光一周，然后就可把新苗株和其他苗株搬移到一起进行正常的统一管理，这样做，苗株才能较快生发。至于问到何时能够看见它们开花？兰需五年，蕙则需七年。说句实在话，如果不是上品名花的话，也不至于要化偌大精力和时间去折腾！但是一盆兰蕙草里，如果老芦头过多，是会影响植株生长的，况且时间长了，它们也自然会腐烂，所以还是要把它们割下，分栽到别的盆泥中能培育出新的植株来，这才是个好办法。

【三】

　　建兰出于福建各属县，所有各种录于左：

　　金丝木耳：花有十四朵。

　　玉珍：叶有长短，而软长者更佳。

　　青梗：红筋甚重。

　　大叶白：花性顶早[1]，大落肩，兰溪[2]亦有出，叶更长。

以上花，小暑开起至白露止。

紫壳青：此系秋兰顶佳，亦红心，花立秋开起至寒露止。

龙眼素：花有十八朵，至江苏每少一二朵，又名十八学士。

永福素：此种素花，比众不同，多。

永安素：花六七朵，品好，性稀少。

大头素：短阔叶，极不肯生花。

建宁素

福州素

灯草素：此种兰溪亦有。

凤尾素

以上素心花，立秋后开起至寒露止。

出于山中，得佳品之后，入盆栽为业而传下。有在盆结子重栽[3]出变化，故虽一种，还有好歹不同，种数无底[4]。现共有约五十种，无梅仙等异，其中秋兰种数最多。每年木头船至福建，水手等至山搜掘，晕素皆有，在宁波、乍浦、上海等沿街挑卖，贱至数百文。此种名野建兰，花小而不佳。至其种法，盆面略缩底，亦须黑棕色松山泥，逐年翻种最佳，如三年一次亦无妨。常日盆面掺出露根[5]，无妨，至翻盆时，将露根一概剪去。与兰同法种之，虽则非比兰蕙，然总以翻种为佳，性喜略干带润。总之，最难养者惟蕙，至兰与建二种皆易也。

![注释]

[1] 花性顶早　该品种花期与别花相比有开得最早的特性。

[2] 兰溪　在浙江西部，又称兰江，汇合于钱塘江，古时，因两岸山间多产兰而溪以兰名为兰溪，又因溪名而为城名兰溪市。

[3] 结子重栽　兰花开时以自花或异花授粉，后把孕育成蒴果的兰荪（种子）播种，长成兰苗后再将其栽培。

[4] 种数无底　兰蕙的种子甚多，长出的苗株千千万万，苗株品种变化多到难以计算得确切。

[5] 摻出露根　形容兰根裸露在盆土表面的样子。摻：纤细。

以往，人们所栽的兰花佳品，都是在山间经自然授粉而成的，后来那些靠兰为业的人获得佳种之后，把它们栽培在盆中，使品种能不断得以传承，后来有人剥开盆中兰株所结出的蒴果兰荪，将里边的种子播在盆泥中，又把长出的小苗育成为大草壮草，这些新草品种原系同宗，但所开出的花，却变化得那么的五花八门！品种多得无法统计，优劣隽异，经过选择后，保存至今的新品种约有五十个左右，其中要数建兰品种为最多，遗憾的是挑不出如梅瓣、水仙瓣这样有瓣型的异品。

　　在以往，几乎是每个年头里，常会有大木船运载货物和人员去福建，一到那里，船上的水手或随船而来的一些人，就会去大山里采掘兰花，彩心种或素心种都有觅得。有人把这些下山兰收买去，经整理以后，就运往宁波、乍浦、上海等地，他们挑着兰担沿街叫卖，价格便宜到数百个铜钱就可得到。兰客在卖的这些草都是刚下山的，称名"野生建兰"，大都是花型小、花品比较差的。

　　至于说到栽培方法，注意上盆时盆土最好约略低于盆口高度，且也须用疏松的黑棕色山泥来栽植，苗株如能年年翻一次盆，当然最好，如果三年翻一次，也没有关系。平时可常见盆里有多条纤细兰根露出泥面，这也并无大碍，可在翻盆整理兰株时将它们全部剪去。如何给这些草上盆？则可依照栽植春兰或蕙兰的同样方法。虽然建兰的特性不同于春兰、蕙兰，然而总以每年翻种为好，须知建兰对水的要求是喜干中略带润。概括地说自己栽培兰蕙总的体会是蕙兰最为难养，春兰、建兰都要稍容易一些。

《兰言述略》卷四

纪 事

事皆有弊[1]，兰蕙中谋利者，弊亦莫测。有将像细[2]之蕊赚钱者不足奇，有花已开放而能给[3]人者，更奇矣。如硫黄熏舌变素，复开仍红；或真花假叶，名曰插吊；或真花少叶，以别本斩[4]之，谓之斩叶。

道光时，嘉兴高某酷喜兰蕙，欲求十全上品。有富阳陆姓者，以金嵼素之花，将上海梅之捧心，以鱼胶粘之，售银五百两。给银后始知其伪，寻其人而责[5]之，诡[6]云："真者固[7]有，价须倍之。"高某躭[8]花成癖，竟许之。陆姓复将上海梅之花、金嵼素之舌，以鱼胶粘之，当时亦未看出，给银后始知其伪。然黄金已去，香草多空，两次被给，不胜愤懑[9]，欲返赵家之璧[10]，而其人已去如黄鹤[11]矣。爱花者宜慎之。

余姚魏君筠谷坐贾[12]于沪，广植兰蕙。道光时，以洋蚨[13]八百购蕙绿水仙一本，其时适蕊开[14]，见花虽好，惜乎是十景[15]。即此一端[16]，可知其爱花若命矣。

道光己丑，沪城张姓酷爱兰蕙，佳种颇多。有刘某见而悦之，购之不允，百计图之终不遂。乃密嘱穿窬[17]乘夜窃之，携三十盆去。张鸣[18]于官，官饬[19]捕役查知，即往起赃，判归原主，刘几受责[20]。以爱兰故出此诡计，几至身名俱辱，何贪痴之甚也！

余姚之老细种[21]，庚申以前，每年多有载往各处求售者。其时，富阳张升林向余姚种户贩兰蕙，往各处发卖。或将假种赚[22]人，购者不察，往往受其欺。

匪乱[23]以后丙寅间，常莲元往余姚载细种来沪，后黄荫斋载细种至沪，价则较前三倍。盖以别处细种皆断，惟余姚携出避匪乱，故其种独茂，彼故以奇货居之。近年愈种愈多，不但仍复旧价，较前更贱。余姚素无极品之种，嘉兴枫泾[24]极品最多，兵灾后尽遭毁伤，惜哉！

洪某寓沪，所植兰蕙，种于竹饭箩[25]内，逢春则换新箩。此非法，徒骇人耳目[26]。

四明周行芳寓沪，己巳春购得上海梅、关顶梅、金嶂素三种。携归后，将花本全行出盆，就庭前空地起一高垒，将花种于顶，并植千年运[27]、吉祥草[28]之类。至冬霜雪交加，尽行冰坏，此爱之适以害之也。

同治庚午，沪城蒋姓花铺有赤蕙一本在窖烘受热[29]其色变黄，遂自以为金蕙。其时沪城内园有蕙会，蒋欲居首位，司事[30]云："此花因受热而黄，复花时当仍绿，抑末[31]也。"蒋怒，即于园内茶肆庭中[32]，设一高台供之，盆中插尖角旗，大书"金蕙"两字，未几萎矣。

同治戊辰，有昌化人寓沪城客栈，有异品素心兰一本，遍贴招纸[33]。余往观之，白舌方形，其叶如兰，竟无人能辨其真伪。惟常连元前曾见过，云此是马头兰，甚平常。亦未知是否，旋因无问津[34]者，即徙[35]去。

朱君积山在沪，于同治初年起种兰蕙。于春间，必购新蕙四五百篓而抉择[36]细种，虽有一二种，卒不得佳品甚矣。佳品之可遇而不可求也。

注释

[1] 弊　欺蒙人的坏事。

[2] 细　细花，即有瓣型的好花。

[3] 绐（dài）　古同"诒"，欺骗，欺诈。

[4] 骈（píng）　拼合，凑合。

[5] 责　质问，诘问。

[6] **诡** 欺诈，奸滑。

[7] **固** 确实。

[8] **眈**（dān） 同"耽"，沉溺，入迷。

[9] **愤懑** 气愤，抑郁不平

[10] **欲返赵家之璧** 想要追回被骗走的钱财，使其完璧归赵。赵家之璧：赵国的和氏璧，文中喻指被骗走的钱财。战国时期赵国使臣蔺相如将完美无瑕的和氏璧，完好地从秦国带回赵国首都，后以成语"完璧归赵"比喻把物品完好地归还物品主人。

[11] **去如黄鹤** 逃跑得无影无踪，就如崔颢《黄鹤楼》中写的"黄鹤一去不复返"。

[12] **坐贾**（gǔ） 即营商，拥有一定数额的资本，具有一定的字号，在固定地址经营商业。

[13] **洋蚨** 即洋钱，清代对外国流入的银铸币，又称番钱、番饼。蚨：古时称钱为"青蚨"。

[14] **适蕊开** 花蕊刚刚打开。适：正巧，正好。

[15] **十景** 蕙花一梗八九朵花中，杂七杂八，朵朵花形不同，俗称"什锦花"，是基因不稳定的表现。

[16] **端** 事物的一头或一方面。

[17] **穿窬**（yú） 指翻墙头或钻墙洞的盗窃行为，亦指进行这种行为的窃贼。窬：从墙上爬过去。

[18] **鸣** 申告。

[19] **饬**（chì） 旧指上级命令下级。

[20] **责** 旧指为了惩罚而打。

[21] **老细种** 优异的传统佳种。

[22] **赚** 欺骗。

[23] **匪乱** 指太平天国农民起义。

[24] **枫泾** 即今上海市金山区枫泾镇，清时以镇中界河为界，南属浙江嘉兴，北属江苏松江，2005年9月入选第二批中国历史文化名镇。

[25] 竹饭箩　中国南方人家常以竹丝编制成的圆形小竹筐用来淘米或盛饭。

[26] 骇人耳目　使人听了看了非常吃惊，义同"骇人听闻"。

[27] 千年运　即万年青，天门冬科多年生植物，冬夏绿叶常青，冬天红果累累，在中国有着悠久的栽培历史，历代作为富有、吉祥、太平、长寿的象征。又名万年枝、九节莲、冬不凋等，曾名千年蒀（yūn），讹为运，故名千年运。

[28] 吉祥草　百合科多年生常绿草本。地下根茎匍匐，节处生根。叶丛生于茎节，呈带状披针形。《花镜》："吉祥草，丛生畏日，叶似兰而柔短，四时青绿不凋。夏开小花，内白外紫成穗，结小红子。但花不易发，开则主喜……取伴孤石灵芝，清供第一。"

[29] 窨烘受热　旧时专事兰花买卖的作坊，通过加热，催使兰蕙植株花苞提前开放，这种植株俗称窨花。

[30] 司事　主管人。

[31] 抑末　指末事（非本事），本来就没有。语出《论语·子张》："子夏之门人小子，当洒扫、应对、进退，则可矣，抑末也，本之则无，如之何？"

[32] 茶肆庭中　茶店外堂阶前的空地。

[33] 遍贴招纸　到处去张贴告示、启事。

[34] 问津　探询情况。

[35] 徙（xì）　转移。

[36] 抉择　挑选。

在人类社会里，几乎任何事物都会有弄虚作假的手段卑劣者，在兰界里也有一些为图利而耍尽各种坏手段的人，他们玩弄的伎俩竟到了使人防不胜防、难以识破的程度。如有人用"行花"作假成"细花"那样骗人钱财，这已经是司空见惯，不足为奇了。更有人能在花开放时还能有办法蒙骗人的，这真可称得上奇了！兰骗子会做各种手脚，如用硫黄熏兰花唇瓣，使晕心花变成素心花，但到复花时结果仍会有红点出现；又如把一朵真的"细花"，粘插进普通草里，名为"插吊"；也有把一二株带"细花"的草，跟别的叶形相似的普通草拼合成一丛，称为"拼株"。

清道光时（1821—1850），浙江嘉兴有位十分迷恋兰蕙的高姓兰人，他一心要追求理想的十全异品佳花。当时富阳有个陆姓兰客，他先把'金㟝素'的花一一地去掉蚌壳捧，再一一地用鱼胶粘好老上海梅的二捧，就这样以500两银子卖给这位痴迷追求十全异品兰的高姓兰人，但当他付完银子不久，知道自己所买的异品花是作假之花，赶紧去找到那个卖假花的陆姓兰客，并当面向他提出遣责的言辞。陆姓兰客听后，狡黠地说："你要真的？我当然有。但价格要比先前的大上一倍。"高姓兰人因求异品成癖，竟点头同意。于是陆姓兰客又在'老上海梅'的花上去掉原舌瓣，再用鱼胶粘上'金㟝素'的绿沙苔舌瓣，高姓兰人在成交时仍没有看出破绽，付银以后才知再次遇假。可是钱财已如水般的流去，心中所盼的香草却一再地落空！先后两次受骗，心中怒火燃烧，他想把假花送还，再把所骗的银子追回，可是陆姓兰客早已经离开原处而不知去向。愿爱兰的朋友们多加提防，格外小心！

浙江余姚有位爱兰人叫魏筠谷，他在上海开店做生意，并栽植有不少的兰蕙。清道光时（1821—1850），他以800块银圆买得一盆绿水仙蕙兰。当时正巧花苞初放，但见此花是朵朵开品不一的"十样景"！并非真正高档的绿蕙异品。不说别的，光从这件事就可以看出他的确是个爱兰如命的人。

清道光己丑年（1829），上海有位深爱兰蕙的张姓人，他栽培有相当多的佳种。一天，有位姓刘的人来张家观赏兰花，他看得心中十分喜欢。便开口求买，却被张姓主人所拒绝，刘姓人想尽各种办法渴望得到这些好花，却始终一再地落空。于是他私下里找贼人乘夜去张家盗得兰蕙30盆之多，张姓兰花主人发现后便急告官衙，官府命衙役调查后，从刘家取出赃物确证，判将这些所窃得之草还给原主张姓，刘姓爱兰人多次受到谴责。因爱兰想出这样一个坏主意，结果在身心和声誉上遭到双重的打击，真不知他竟因贪兰而无知到何等的地步！

庚申年（1860）以前，有人常把浙江余姚的兰蕙老盆口"细种"运往各地去销售，当时富阳有位名叫张升林（《兰蕙同心录》谓张圣林）的兰客，他向余姚兰家收买兰蕙"细种"，然后运去各地出售，从中掺入假种，以假乱真骗人钱财。致使那些买下的人往往因一时失眼而被骗。

在太平天国运动之后至同治丙寅年（1866）间，继张升林之后又先后有兰客常连元和黄荫斋等人，他们从余姚收来"细种"，运到上海之后，品种价格一下比先前要贵上三倍，原因是因战争，别地兰花都在战火中遭毁，只有余姚人想办法给兰花寻找安全处所，从而使兰花避过了战祸，各种品种能得以保存下来。几年来能够一地独茂，他们把这些留下的品种囤积一起以高价出卖。但近些年来因草愈种愈多，不但恢复了老价钱，甚至比以前更为便宜了。余姚出的素心花，没有太优秀的品种可言，要算是嘉兴枫泾拥有的极品花最多，所不幸的是在庚申兵火中，它们竟然尽遭毁坏，真是令人惋惜不已！

有位洪姓兰人，他寓居在上海，所植兰蕙的盆子非常特别，是用竹丝编成的淘米箩来代替盆子栽兰。每年春天，统一换下旧淘米箩，再换翻新箩种上，我看这并不是个好办法，只不过是让人看（听）了觉得几分惊愕，有些新奇感而已。

有位浙东四明的爱兰人叫周行芳，他寓居于上海，那是同治己巳年（1869）春天，他从老家余姚买来'老上海梅''关顶梅'和'金盃素'三个品种，运回家以后，他便将这些蕙草全部从盆中脱出，并在屋前空地上用泥土和石块堆砌起一个高高的石台，把这三盆蕙草栽在台上泥土里，又在周围四边种上麦冬、吉祥草之类的作为装饰。到了冬天那风雪交加的日子，蕙草和所种的吉祥草等全部受冰冻萎败。这真是因爱得太过，反而害了它们。

同治庚午年（1870）春时，上海城里的蒋姓花圃里新增了一盆赤蕙，因此草是在烘窖中受热烘出，致使萼瓣和花瓣色彩变黄，于是蒋姓主人自认为是金蕙到手，心中喜悦非常，这时恰逢在上海豫园内举办蕙兰展，蒋亲自将这盆蕙花送到展览处，暗想自己这花定能成为众花之冠，招徕人们对它的仰慕。可是展会里有位主管人却对他说："这花是因草中所带的花苞在烘缸中受热烘出，它的绿色花瓣也因受热而变黄，但它的本性是不会改变的，复花时花瓣仍然会变绿。"蒋姓兰人听完话即刻就愤怒起来，便在豫园内茶店前面的空地上单独搭了个高台，把自己的这盆蕙花高高地放在上面，盆中还插上写有"金蕙"二字的三角小旗，没想到过了几天之后，这"金蕙"就萎败了。

清同治戊辰年（1868）时，有位浙江昌化人住在上海的一个客栈（小旅馆）里，听说他带有一盆所谓高档的"异品"素心兰，写了有关的告示遍贴墙上。我也去看了这盆"异品"：只见其花色白，并有方形唇瓣，株叶如兰，在场者里竟无人能够识别真假。后来有位名叫常连元的兰人说自己曾见过这种花，说它名叫马头兰，花品身价极为平常。也不知常连元是说对？还是说错？但经他这么一说以后，就再没有人来探求这"异品"花了，于是这位昌化人就只好即便离开客栈，转移到别处去了。

居住在上海的朱积山先生，他于同治初年（1862）起心中有了栽培兰蕙这种雅趣，此后在每年春天里，他定然要出钱购买下山新蕙四五百篓之多，然后一一地挑选上档次的"细花"。这么多草中，即使偶然能有一二的概率，但也不会遇到什么佳品。啊，好花只能是在无意中相遇，当你有意想得到它时，却往往是落空要胜过得到。

附　录

　　凡遇花会[1]，与会者须将花剪下，配以假叶，旁置蜜水一瓶，将花插入瓶内，可供五六天不伤根本。盖花会观者如堵[2]，人气熏蒸，易于受伤。庚申以前，各处花会颇盛，苏郡不时举会，无一定之期，浒关亦每年必聚，嘉兴枫泾等处，名花比会，诚大观也。今则云散风流，难寻陈迹矣！沪城每年一次于邑庙内园，自乾隆时起至今未替[3]。从前与会者凡三十余人，各出一饼金，以作公分。或所费不敷，则举会首四人公贴，谓之当大。会自庚申后，赴会者仅十人而已，或送香烛，所费缺乏，则倡首者竭力当之。

　　浙之兰蕙出山，于初含蕊时，劚[4]储竹篓，运销吴门、申江花市。每年冬杪[5]，约销兰二百万蕊，每篓二三千蕊。春初，以窖或缸[6]烘之，粗者售以簪鬓[7]，亵视[8]等于珠兰、茉莉，根叶皆弃之。其中所有"细"[9]者，另售与莳花之家。蕙至春初，吴申两地约销三千篓，每篓装一二百蕊，然吴为多，申为少。余则分往他处総售[10]之，莳至开花，粗者根叶皆弃之，细者根叶皆留之。

吴郡自庚申后，栽兰蕙者皆寻常贾人，至癸酉春，始有绅士[11]来沪络绎，购买老种名花。即于四月初五日作花会，士绅济济，观者如堵，大为胜举。

道光时，各处爱植兰蕙者甚多，价值亦不赀。今约略纪之，以志盛事。如山阴周怡亭，三千金；寓沪之余姚魏筠谷，万金；嘉兴高嘉盛，二万金；枫泾陈九畦，万金；沪城孙侍洲，二千金；苏城至多者，不过千金；浒关，则不过数百金；至余姚各种户，其值虽巨，皆藉此为生财，故不足载也。

莳兰蕙为业，余姚嘉庆时起，始独得种治之法，转相传授，现有三十余家。同治初年，慈溪西乡间，增出苏清和起始，现亦有数家。所售佳花以叶定价，兰合足五大瓣为一部、蕙合足七大瓣[12]为一部[13]。只须有花，不问花之多寡也。

沪有江某弟兄数人，自己巳以来，专遣人往余姚买名种老花，约费二千金，又买新花及盆泥，并另雇一余姚人为之种植，又费二千余金。至辛未冬，将余姚人辞去，后雇一门外汉使之栽植，遂致花叶全萎，共计小叶一百九十盆。去冬冰蒸，今春悉萎，大为可惜。

余姚花客，往来于沪上者不绝，其种法颇精，叩[14]其所以然[15]，皆秘而不宣。然观新花之蕊皆不知，所知仅莳法而已。余姚花性，较苏州上海皆早半月开放，冬季寒性，较苏州上海各少五分，大约地气使然[16]也。

宝山团子村赵申桂家，平日莳兰之法，与余法同。惟至冬，必择旷野阳重之处，掘成数潭，将盆置潭中使受阳，潭齐盆口。或遇严寒冰冻，再将细泥铺盆面一寸厚，稍暖即去之。雨水节后，仍将盆掘起，安置他处。盖恐阳光不重，不得地气，则根必冻空也，然此法亦甚险。

注释

[1] **花会** 是民间兰花爱好者发起的兰花雅集（展览会）。

[2] **观者如堵** 观看的人像围墙一样，形容观众很多。《礼记·射义》："孔子射于矍相之圃，盖观者如堵墙。"堵：人墙。

[3] **替** 停止。

[4] **劚**（zhú） 掘，挖。

[5] **冬杪**（miǎo） 岁末之时。杪：原指树梢，引申为年、月或季的末尾。

[6] **窖或缸** 古人把山采未开花的兰蕙下山草，通过加温加湿催花开放的设备。

[7] **簪鬓** 插戴在头发上的装饰品。簪：插戴；鬓：脸两旁靠近耳朵的毛发。

[8] **褒视** 轻视，不尊敬。

[9] 细　有瓣形的佳花，称"细花"。

[10] 総（zǒng）售　捆绑成束销售。総：聚而缚之。

[11] 绅士　旧时在地方上有财有势或得过一官半职的人，以地主和退职官僚居多。

[12] 瓣　兰蕙叶子的量词，亦称片、张。

[13] 部　兰蕙株数的量词，亦称桩、筒、苗。

[14] 叩　询问。

[15] 所以然　事理的缘由。

[16] 使然　使它变成这样。

每当兰花展览会时，参展的人须把自己送去参展的真花剪下后，浸插在事先准备好的蜜水瓶里，并配以与该花的植株和叶形相似的普通草，这样足可供人欣赏5～6天，且不会伤及到原草的根本。因为展出期间，参观者拥挤，人的热气足可熏蒸到兰蕙而使之受损。

　　清咸丰庚申年（1860）的那场战乱以前，江浙沪一带许多地方兰展活动极盛：苏州曾多次举办兰展，显得灵活而无一定日期；浒关每年都必有一次；嘉兴、枫泾等地的兰展会，展出名花特别多，规模也特别大。现在这些地方却都已人走云散，清冷寂寥，再找不到昔日那种盛大的景象了。至于在上海，自从乾隆年（1736）开始，豫园（城隍庙）内每年都举办兰展，至今也未曾衰落。从前参展的人数总有三十多人，每人各出资一块银元，其款用作会务方面开支，倘还有不够，即由四位发起人给以摊派补足，俗称为当"老大"。但是在咸丰庚申年（1860）的战乱以后，却规模日小，参展者仅十人左右，所凑合起的钱，连送给庙里作香烛之费都尚不足，那只得由活动的发起人来竭尽全力加以承担了。

　　浙江山上生长的兰蕙是如何出山的？每年初冬时候，山上的兰蕙都已经含苞，山民们上山砍伐木柴时见有兰花，就会顺手采挖起来把它们集聚在自己所带的竹篓里。自然会有买卖兰花的人进山来向山民收购采得的下山兰，然后按规定约以二千至三千个花苞装成一篓打包，每船装满数十篓之后就开船运销到苏州、上海等地的花市去卖，每到冬季岁末之时，约可售出两百万个有花苞的兰草。初春时，兰花经营者开设作坊，在缸或窖内通过加温加湿的方法把花催开，捡出花品差的，从草上摘下花朵，以极便宜之价卖给妇女们插在发髻上作头饰品，他们把君子之花贬低如珠兰、茉莉的身价，对于留下的根和叶，则全部丢弃。如发现有符合瓣型要求的细花，则以另售形式卖给莳养兰花的人。

　　至于蕙的销量，在春初时光苏、沪两地要售出三千余篓，每篓装入一二百个花苞，苏州的销量，比上海还要大，余下未卖完的，则运往其他地方去继续买卖。兰人自己从篓中挑出的或从花店买回的蕙花，上盆后一直要种到盆里的蕙花开出，挑选好的留下继续栽培，差的当然只有丢弃。

咸丰庚申年（1860）之后，苏州喜栽培兰蕙者，多为一些普通商人，到了同治癸酉年（1873）春，便有了当官的人不惜钱财到上海求买老种名花，并选定四月初五这一天为蕙花展览日，来参观的士绅人头济济，场面真是空前。

清道光时（1821—1850）各地爱栽兰蕙的人相当地多，兰价亦相当昂贵，今把当时投资兰花的盛况约略记在这里：

山阴（绍兴）的周怡亭，投入约三千银元；居住上海的余姚人魏筠谷，投入约一万银元；嘉兴的高嘉盛，投入约两万银元；枫泾的陈九畦，投入一万银元；上海的孙侍洲，投入两千银元；苏州城里的养兰人，每人所投都不会超过一千银元；浒关的养兰人所投更少，大致都是数百银元；至于余姚各植兰户，他们拥有的兰蕙价值虽然巨大，但他们却是依靠兰蕙谋生的，并非是赏玩人，因此不在这里记载了。

江浙一带出现以莳养兰蕙为专业者，余姚那地方开始于清嘉庆年间（1796—1820），当时余姚人研究和掌握了兰蕙栽培和病虫防治的方法，被视为独有秘传，后来几经传教，掌握秘诀者，至今约有三十多家。

清同治初（1862），慈溪西乡的苏清和首先开始以栽培兰蕙为生，现今也已有好几家了，他们卖名花，以叶子定价格，兰须以五片叶为一株；蕙须以七片叶为一株。卖时都必须有花，但不计花开的朵数多少。

上海有一江姓之家，兄弟几人都十分爱兰，从清朝同治己巳（1869）年以来，他们约花费了两千多银元，专门派人往余姚买名种老花。后来又买了新花和盆泥，还雇了个余姚人来上海专门栽培兰花，其消耗资金加在一起，大约又化去了银元两千余。到了同治辛未年（1871）冬时，他们解雇了那位余姚人，另雇了个外行的人来家里种兰花，结果植株因冬时受蒸，到春时全部都被种萎，损失了大小兰蕙共一百九十多盆。真让人深深地感到可惜啊！

余姚的那些兰客，总是接连不断地往返于上海，他们的栽培方法好似非常精到。你若向他们请教为什么能种得这么好？他们都是缄口不肯吐露。你若问他如何看新花的苞形？全然就一概不知。他们所知的，也仅仅是培护方面而已。余姚的花性特征，是其花期要比苏州、上海等地早开半个月。而余姚冬季的寒性程度也要比苏州和上海小上一半（言余姚冬春季气温比苏、沪暖和一半），这是因地域位置的不同对气温的影响。

上海宝山团子村赵申桂兰友，平时对兰蕙培育管理的方法，跟我的方法几乎雷同。唯在冬季管理时，他会选择野外阳光充足的地上，挖几个较深的坑洞，把栽着的兰蕙连同盆子一起放到坑洞里，能够接受阳光，坑口须与盆面齐平。当遇有冷空气南下，或有严寒冰冻时，再用细泥加铺盆面，厚约一寸，天气稍转暖和后，就立即去掉加厚之泥。过了农历"雨水"节后，就可把盆挖起，并安置别处。对于这个方法，我的看法是恐怕兰株受阳光不够，兰株不能得到暖和的地气，兰根必会受冻致空。所以如照这个办法去做，风险也必然存在。

附难产神效方

治难产之方颇多，然应验[1]神速者甚少，今因艺兰而得一方。如遇难产至数日不下，觅春时素心兰一二朵，鲜干皆可，沸水泡汤，并花吞下，当即脱然堕地。屡试屡验，红心者[2]忌用。

盖[3]素心秉[4]天地灵气，芳馥无比，服之则满腹芬香，浊气下降，生机自然流动。愿同志[5]者觏集[6]此种，多且益善，逢春赏玩，兼可济人，亦一举两得之计也。但花开数日即宜剪下，以免力竭，用矿灰磁瓶[7]安置，勿使泄其香气。

传方施送，功莫大焉，故附志之。

注释

[1] 应验　和后来发生的事实相符。

[2] 红心者　兰花在唇瓣等处存在红点红丝，即俗称的晕心（彩心）花。

[3] 盖　大约，大概。

[4] 秉　通"禀"，承受。

[5] 同志　志向志趣相同，《国语·晋语四》："同德则同心，同心则同志。"

[6] 觏（gòu）集　觏：遇见；集：搜集。

[7] 矿灰磁瓶　一种宜兴紫砂陶制作精美的小罐。

今译

　　治妇女难产的药方颇为多见，然而真正有应验并能迅速收到效果的却是很少，现在我因艺兰而得到一个偏方。如遇到有难产几天生不下孩子的，用素心兰一至二朵，新鲜的、晒干的都可以。把它们放在开水中煎泡一下，然后将汤连同花一起吞下，产妇服后，婴儿立刻就呱呱堕地，此方已经过许多次使用，效果屡用屡验。但对花是有要求的，那就是晕心花绝对不可用，必须要春放的全素心种，因素心春兰是天地精气和合而成，内蕴有无比的芳香，孕妇吞服后就会满腹芳香，腹内浊气下降，精血则自然流通。

　　希望心志相同的兰友能多多收集和培养这些素心品种，既可供欣赏，又可以救人，真是一举两得的好事！需注意的是花开一二天后就要把花及时剪下，不让花中存储的天地灵气消耗过多过竭，花须放在密封性能好的紫砂小罐里，外加罐口糊纸密封，不使香气泄漏。愿君能多施赠花，多传送方，必定功德无量。特记述在这里。

《兰言述略》特色点评

袁世俊先生字忆江，是清朝道光至光绪年间江苏苏州的一位缙绅，他平素喜爱花卉，尤喜兰蕙，初时因不识兰蕙的栽培方法，每每得佳兰后，至冬时尽遭冻萎。曾有一次，他去朋友周怡亭家造访，深深地被主人家所莳兰蕙那清秀俏丽、潇洒隽逸的姿色感动自己心头所筑的兰世界，从此他遍读当时的兰蕙书谱，先从书本入手，弄懂兰花栽培管理方面的基本技能，接着便年年买些下山新花带回家来莳养，在不断的实践中开阔了眼界，丰富和深化了他在艺兰方面的实际知识，提高了培护方面的基本技巧和鉴赏审美水平，使他真正成了一位行家里手。从此他对兰花更是一往情深。

清咸丰庚申年（1860），由于太平天国的战火从北方燃烧到南方，殃及到南方不少地方栽培着的兰花，尤其是苏州等地所遭到的破坏要比别处更为严重，袁世俊多年积累的心血，竟一下被战火烧得一无所有。他带着无奈和怅然的心情惜别苏州，逃难到了上海。待得生活平静下来，抑藏于心中的兰花情愫又跟着春天的旋律跃动起来，从此他就像一只采花的蝴蝶，只要见到有好的兰蕙品种，便会不惜金银去购买、来莳养。也因他管理的精善，一盆盆兰蕙苗株生长颇盛，能年年开花，袁世俊打心眼里喜欢，信心倍增。不上几年工夫，就蓄有名兰五盆，名蕙七盆，与兰友间的来往和互访也逐日增多，在你追我赶的氛围里，袁世俊对兰花的嗜爱更是一发难收，佳种年年添加，数量岁岁倍增，兰蕙在他为之特地加工定制的白泥白釉圆盆里一盆盆齐齐整整地生发着，其规模也已是今非昔比。袁世俊自然地成了苏沪兰界里一位杰出的兰花名家，家中常是朋友盈门，有跟他来讨论和研究有关兰花的，有专程前来请教的。他坐在书房里，静思自己在几十年里从失败走向成功的那条滋兰树蕙之路，有成功的经验，也有失败的教训，有自己亲身经历的实践体会，也有得于朋友口里的许多经验积累，他想把自己做过的那些日常积累，连同朋友中所吸取的许多闪烁在心里的兰兴蕙趣，一一地整理成书。到了光绪二年（1876）时，书稿终成，并取了《兰言述略》这个书名。

因为书的内容谦称只是述略，所以全书并没多厚，但它所包括的内容不论是兰是蕙都无所不及，写的全面而又贴近实际。全书除序言和总说外，其正文分为四卷，每卷各有两个内容组成。

论述花品、花性，言简意赅、定义准确，使前辈兰人著作中一些朦胧的说法变得明晰确切起来。

叙述种类、培养等，更是写得有条有理，还补充了前人没有说到的知识。抓住典型、分析特征，是本书写作中基本的指导思想。

作者按花品档次高下给兰花排队的方法，来介绍它们各自的审美价值，即"二种"：素种、赤种。"九品"：先是梅素、仙素、荷素分别为伯、仲、季三类；挨次是晕（彩）心的梅、仙、荷三类；最后是不算正格的素心品团瓣素、超瓣素、柳叶素。毋用作者直接说谁个优谁个劣，读者看了自能明白什么花品最好，什么花品较好，什么花品较差，什么花品最差，这正是当过官的作者说话表达的巧妙之处。

本书中，袁世俊先生继承了前人以通俗的事物比拟兰花的描述方法，帮助和加深读者对鉴赏兰蕙品格方面的知识和能力："梅瓣与水仙须看捧心，白头者为准。"这"白头"是什么？就是捧上一定要有雄蕊化的黄白色疙瘩。"五瓣贵无筋。"这筋是什么？就是外三瓣或捧上一条条的细红丝。要算没有红丝，一色净绿的花色，才是最佳的花色。"荷花瓣厚而有尖，脚短收根。"这"脚"和"根"又是什么？就是指外三瓣基部这一段，形要短而细。文章通过"头""筋""脚""肩""鼻""舌"等形象化语言，犹如给了读者手上握着的一把尺子，若要品评兰花，随时都可用这把尺子量出它的优劣。

人有各自的个性，及至任何动物、植物也同样有个性。我们崇拜的那些艺兰高手，他们究竟高在哪里？说到底就是因为他们摸透了兰花的脾气。

作者在文中特别强调了兰蕙的个性，就是要求读者必须深刻了解兰花的喜恶，要尽拣它们喜欢的，满足它们在水、肥、土、光照、温湿等方面的要求。如："蕙喜浅，兰更喜浅。""兰生阴，蕙生阳。""蕙晒三时，兰晒二时。""天寒时多晒为宜，天如大热即遮芦帘。""尝言兰性喜干，实则春喜润，夏秋喜微潮，冬须润中带干。""兰宜带润，蕙宜带干。""夏日盆泥晒热，逢雷雨必移避。""泥热受雨，必致蒸坏根本。""冬季盆泥宜带湿，则来年花干可以拔长。""大排铃时泥须带干，潮则花开有落肩之病。""含葩欲吐时不可受露，受露则变式（姿态——编者注），无淡雅宜人之态。"这就是袁世俊先生和朋友们一道摸索出来的兰花脾气（个性），好像他在对我们说，兰花不喜欢的东西，你可千万别给它们！

《兰言述略》一书中，作者在继承鲍绮云、朱克柔等前辈人对兰花审美和鉴别标准的基础上，加进了自己的新认识、新观点，致使江浙兰蕙能被更多的人所深深地喜欢。他认为在自然界里，不同的地域决定了有不同的花品，其意谓犹如今人所说：一方水土养一方人。文中介绍的"大山头""中山头"和"小山头"所产的不同兰蕙，虽然全是出在浙江地域里，但还是存在各不相同的特点。袁世俊对花品的鉴别所用的术语，多是以一二句话概括一个个标准，语言极为精炼、形象极为鲜明。如"蕙干挺足，花蕊累累如贯珠者，谓之'排铃'。""短干横出、花心向外，谓之'转柁'。""花'背'谓之'上搭'。""花'胸'谓之'下搭'。""'痰吐'后放其大瓣者，谓之'外三瓣'，小瓣谓之'捧心'，中谓'鼻'，鼻下为'舌'。""兰蕊衣壳贵薄，筋粗透顶者出荷花"。"有沙、有晕，可望梅、仙。""蕊短时无沙晕，至长时顶壳色不绿，决非梅仙。"

对春兰蕊形特征的分析，非常概括而突出：如"蕊形上小下大，开小舌水仙"。"蕊形上小中大，开大舌水仙。""蕊形尖而紧边，开如意舌梅瓣。""蕊形圆稳，开秘角梅瓣。""蕊形结实圆足，开荷花之类。"

对蕙兰的蕊形特征分析，更有独到的见解：如"壳形尖、绿而有白（白色尖锋——编者注），可望梅、仙。""壳尖赤而有绿，须有沙晕，亦有可望，有沙无晕则绝望。""小蕊出衣壳，见蕊头起白尖，定属梅瓣，蕊尖无白头者，决非梅瓣、水仙瓣。"

如此精深的一席言论，不是谁都可以想得出来的，能把这些知识和实际本领汇集一起，这就是作者能得到时人和后人为之拜服的原因，这些知识蕴含着作者本人和诸多兰友细心观察，反复分析的一个漫长过程，进而慢慢升华到炉火纯青的经验之谈，最后由袁世俊写在书里。

在"培养"这一章里，袁世俊认为不论是兰是蕙都要做到浅种，如果"为深，轻则不发，重则逐步致（根）烂。"所以"种兰顶泥须高过芦头一分；种蕙顶泥高于芦头一二分"就行了。对于兰蕙的过长根，有人认为要剪去一部分，因过长泄气。前人朱克柔及后人清芬室主人，都是这样认为的。但袁世俊却认为根"愈长愈妙，如未烂，切勿剪。"一条健壮的根，里头含蓄着丰富的营养，你把它剪短了，等于是夺走了植株中最为宝贵的营养，且剪后留下创伤，是造成病害的隐患。

在《兰言述略》的第三卷里，作者记录了春兰二十八个品种，蕙兰六十九个品种，建兰十三个品种其中有三个是没有"档案"的。作者对自己所介绍的每一品种，从结构、形态、开品和有关历史，都有具体、明确的交待，绝不肯混沌乾坤、张冠李戴。我们从这些数字中可以看出，当时江浙沪一带的养兰人，已淡化了对栽培建兰的兴趣，愈来愈多的人，正专心致志地莳养和追求江浙兰蕙的名品、异品。同时可以看出，袁世俊在书中所收集到的、记录下的江浙兰蕙资料，比以往任何一本兰书都要多得多，内容也要丰富得多。从中我们可以深深地感受到跳动着、变化着的时代脉搏和不同时代的人们正在不断发展着、变化着的养兰时兴。要收集到这么多详细的资料，这在当时交通并不像今天那么便利的情况下，该是多么的不容易啊！

《兰言述略》第四卷是"纪事和附录"，内容多是围绕和反映当时人们的兰花活动，以一件事一个小段的形式来加以叙写，虽然文句简洁，但加在一起后，内容就显得丰富起来。袁世俊在跟兰友频繁的接触中，了解了许多发生在自己周围有关兰花的事。在这些人和事中，暴露了在兰花面前，人们形形色色的心态：有爱花如命的，有不择手段的，有多次作假屡屡得手的，有欲耍弄人家结果自己却遭遇到身败名裂的，有因一味固执己见而遭受损失的……

历史是一面镜子，它照照昨天，也照照今天；它照照你，也照照我和他；在兰界里，那些手段卑劣的小人和坏人，过去有，今天仍有。我们了解了书中记载着的那些往事，可以使我们面对现实，多增长一些理智，以避免和防范重现往昔所发生的悲剧。至于自己应该如何？则以一颗平常的心去正确面对自己的兰花人生，正确面对兰友，正确面对兰界里所发生的一切事情。从这个意义上说来，袁世俊不但教我们栽培兰花、识别兰花，而且还从多个方面对我们循循善诱，老人家更让我们知道应该怎样做个真正的爱兰人。

莫磊撰文